农田生态景观构建技术与实例

朱 莉 宇振荣 李 琳 聂紫瑾 等 编著

U0380934

中国农业出版社

北 京

编写人员

（以姓氏笔画为序）

王　旭（北京市密云区生态环境局）

王　燕（北京市顺义区农业科学研究所）

车　辂（北京市密云区农产品质量安全综合质检站）

石　然（北京市怀柔区农业技术推广站）

石颜通（北京市农业技术推广站）

田　满（北京市农业技术推广站）

兰　振（北京市大兴区农业技术推广站）

朱　莉（北京市农业技术推广站）

刘云慧（中国农业大学）

刘志群（北京市怀柔区农业技术推广站）

刘国明（北京市顺义区农业科学研究所）

齐绍帆（中国农业大学）

宇振荣（中国农业大学）

孙　超（北京市延庆区农业技术推广站）

李　昕（中国农业大学）

李　勋（北京市农业技术推广站）

李　琳（北京市农业技术推广站）

李良涛（河北工程大学）

李朋瑶（中国农业大学）

李学东（山东建筑大学）

杨　林（北京市农业技术推广站）

时祥云（北京市延庆区农业技术推广站）

佟国香（北京市房山区种植业技术推广站）

张　远（北京市大兴区农业技术推广站）

张伯伦（北京市延庆区农业技术推广站）

张建省（北京国农博创科技有限公司）

罗　军（北京市房山区种植业技术推广站）

赵　菲（北京市农业技术推广站）

哈雪娇（北京市大兴区农业技术推广站）

聂　青（北京市农业技术推广站）

聂紫瑾（北京市农业技术推广站）

崔腾飞（北京市密云区优质农产品服务站）

董　静（北京市怀柔区农业技术推广站）

解春源（北京市房山区种植业技术推广站）

目　录

第五章

农田景观构建技术

第六章

农田生态构建技术

第七章

北京农田生态景观建设实例

农田生态景观概述

第一节　农田生态景观的概念

一、农田、景观及农田景观

（一）农田

农田又称耕地，是指可以用来种植农作物的土地。党的十八届五中全会通过的《中共中央关于制定国民经济和社会发展第十三个五年规划的建议》中提出："坚持最严格的耕地保护制度，坚守耕地红线，实施'藏粮于地、藏粮于技'战略，提高粮食产能。""藏粮于地、藏粮于技"战略，是贯彻党的十九大精神、落实新发展理念的必然要求，是守住绿水青山、建设美丽中国的时代担当，是加快农业现代化、促进农业可持续发展的重大举措，对保障国家食物安全、资源安全和生态安全，维系当代人福祉和保障子孙后代永续发展具有重大意义。"藏粮于地、藏粮于技"战略的实现，关键是要保障农田数量和提升农田质量，恢复和提升农田生态系统服务功能。习近平指出："耕地是我国最为宝贵的资源。我国人多地少的基本国情，决定了我们必须把关系十几亿人吃饭大事的耕地保护好，绝不能有闪失。要实行最严格的耕地保护制度，依法依规做好耕地占补平衡，规范有序推进农村土地流转，像保护大熊猫一样保护耕地。"农田作为一种人工生态系统，除具有生产功能外，还具有重要的调节气候、涵养水源、维持生物多样性、净化、景观、文化等生态服务功能，是国家安全与社会稳定的关键因素之一。

（二）景观及农田景观

1. 景观

"景观"一词最早在文献中出现是在希伯莱文本的《圣经》(the Book of Psalms)中，用于对圣城耶鲁撒冷总体美景（包括所罗门寺庙、城堡、宫殿在内）的描述。"景观"在英文中为"Landscape"，在德语中为"Landschaft"，法语为"Payage"，其基本词义颇为相识，都指自然风光、地面形态和风景画面，是视觉美学意义上的概念。

不同的学科领域对"景观"有不同的诠释。在地理学中，19世纪的地理学家Humboldt首次将"景观"的概念引入地理学，将其定义为"某个地球区域内的总体特征"，认为景观是由气候、水、土壤、植被等自然要素以及文化现象组成的地理综合体。其后这一概念被俄国的地理学家进一步发展，把生物和非生物的现象都作为景观的组成部分。在生态学中，德国的生物地理学家Troll不仅将景观看作人类生活环境视觉所触及的空间总体，更强调景观作为地域综合体的整体性，并将地圈、生物圈和智慧圈看作是这个整体的有机组成部分；美国生态学家Foman和法国生态学家Godron进一步将景观定义为由相互作用的镶嵌体（生态系统）构成，并以类似形式重复出现，具有高度空间异质性的区域。《欧洲景观公约》认为景观是受自然和人类因素的作用及其相互作用的影响从而产生被人类感知的、具有特征的一片区域；景观是人类生活其中的空间和环境，具有多种价值，同时也是一种记载人类过去，表达希望、理想、识别、认同和归属的语言和精神空间。另外，旅游学家把景观当做资源；建筑师把景观作为建筑物的配景或背景等等。虽然说法不同，但都在深化景观内涵的同时，逐步弱化了景观原义中的视觉审美特性。

笔者认为，当土地被人类所观测和感知时，它就成为了景观，通过土地可以看到人类在地球表面的活动以及人类与环境相互关系的记录。对于景观的感知可以反映出一个人对景观的态度，也可从态度中创造出不一样的情感变化，从不信任、恐惧一直到安定、愉悦。这些情感可以来自对现实景观的观测或者来自诗人、画家、作家描绘的意象。由此将景观定义为：景观是一个社会生态系统，是自然生态系统和人工改造生态系统的镶嵌结合，具有典型的地貌、植被、土地利用、居住特征，会受到当地区域生态、历史、经济和文化进程等活动的影响。

2.农田景观

农田景观是指以耕地为中心的景观，主要包括园地、畜牧业，广义上可以理解为农业景观（Agricultural Landscape）。国际经济合作组织认为，农业景观是农业生产、自然资源和环境相互影响形成的可视结果，包含宜人的环境和事物、遗产和传统、文化、美学及其他社会价值。在综合考虑上述定义的基础上，可将农田景观定义为：耕地和镶嵌其间的非农作自然、半自然用地构成的景观镶嵌体，是由农业生产、自然资源和环境相互作用形成的可视结果，具有资源、环境、生产、生态、文化、美学等多重价值。图1-1是我国传统的生态型乡村景观

图1-1 我国传统的生态型乡村景观和农业景观

和农业景观，体现了森林、村庄、水田、旱地与河谷。

二、生态及农田生态景观

（一）生态及生态系统服务

1.生态

生态是指一切生物的生存状态，以及它们之间和其与环境之间相互作用的关系。如今生态学已经渗透到各个领域，"生态"一词涉及的范畴也越来越广，人们常常用"生态"来定义许多美好的事物，如健康的、美的、和谐的事物均可冠以"生态"。环境是影响生物机体生命、生存与发展的所有外部条件的总体，主要包括大气、土壤、水等。人类的自然环境主要包括岩石、土壤、水、大气和生物以及综合构成的生态系统。环境保护是人类为解决现实或潜在的环境问题，维持自身的存在和发展而进行的各种实践活动的总称。

2.生态系统服务功能

生态系统服务指人类从生态系统获得的所有惠益，包括碳排放降低、生物多样性保护、气候和水循环调节、环境净化、植物花粉传播、有害生物的控制、文化服务（如精神、娱乐和文化收益）等许多方面，这就赋予了乡村对城市的服务功能生态系统服务类型和相关过程见表1-1。

表1-1　生态系统服务类型和相关生态过程

生态系统过程/中间服务		最终的生态系统服务
支持服务	•初级生产 •土壤形成　供给 •养分循环　服务 •水分循环	•作物、牲畜、鱼（食物） •树木、直立植被、泥炭（纤维，能量，碳固定） •供水（生活和工业用水） •野生物种多样性（生物开发，药用植物）

（续）

生态系统过程／中间服务		最终的生态系统服务
生态过程 •分解和降解过程 •风化 •气候调节 •传粉 •病虫害调节 •生态相互作用 •生物移动进化演替过程 •野生物种多样性	文化 服务 调节 服务	•野生物种多样性(娱乐) •环境设置(娱乐，旅游、精神/宗教) •气候调节(气候稳定) •授粉 •土壤、空气和水的解毒与净化（污染控制） •风险监管(侵蚀控制，洪水控制) •噪声调节（噪声控制） •病虫害管理（病虫害防治）

（二）生态景观及农田生态景观

1.生态景观

生态景观是两个词的整合，是指由无污染的、健康的不同类型土地，利用镶嵌体形成的优美的、能够重温乡村记忆、给人以独特和唯一性感知体验的一片地景。任何一片地景都是景观，包括污染的、退化的和良好的。由此，可以简单理解为生态景观是具有地域良好生态系统服务功能的景观。

2.生态景观建设

生态景观建设是将生态环境学科融入到景观设计、空间规划学科的综合活动，提供了一种创造一个可持续、环境友好和自然和谐的设计和建设实践的方案。生态景观建设更强调其可持续性和地区景观特征，保护和建设具有唯一感知的可持续的区域景观特征。

3.农田生态景观

欧美发达国家对农业可持续发展研究和实践形成了普遍的共识，农业可持续发展除合理利用热量、土地和水等自然资源、优化化肥农药等外部投入外，还必须恢复和提升以农田景观生物多样性保护为中心的生态服务功能(图1-2、图1-3)。农田生

图1-2 通过优化农田及其半自然生境构成的农业景观格局

注：恢复和提升农业景观生物多样性，是生态型土地整治的重要任务。国外强调半自然生境具有重要的生态系统服务功能，应该在农田景观中保持8%～15%的半自然生境（J.Baudry 提供）。

图1-3 通过景观格局构建缓解水土流失和面源污染

注：美国内华达州上游水塘、等高梯田、缓冲带、牧草带和玉米间作，通过景观格局构建，可以防止水土流失和氮、磷进入水体。(Tim McCabe 摄，USDA NRCS) [1]

---

① USDA NRCS：美国农业部（USDA）；自然资源保护服务局（NRCS）。——编者注

态景观体现了发展方向，针对农业集约化、规模化导致的农田景观均质化等问题，强调生态集约化，恢复和提升农业可持续发展必需的遗传资源、授粉、天敌和害虫调控、土壤肥力保持、水土涵养、文化和休闲等生态服务功能（图1-4）。农田生态景观的定义是：具有平衡效率、生产力和生态系统服务功能的景观，可降低农业集约化带来的负面影响，是具有更高生态系统服务和文化价值的景观。

图1-4 现代与传统的景观感知

注：左图和右图都是景观，但具有不同的感知，左图为现代做法，右图为传统做法。右图是更具健康、生态的景观（宇振荣 摄）。

第二节 农田生态景观建设的功能和意义

一、提高生物多样性和生态系统服务功能

生物多样性是生物（动物、植物、微生物）与环境形成的生态复合体以及与此相关的各种生态过程的总和，包括基因、物种、生态系统、景观四个层次。生物多样性直接决定生态系统服务功能。农业景观生物多样性越高，生态系统服务功能越高。近年来，联合国环境规划署与联合国粮食及农业组织等国

际组织非常重视农田景观生物多样性保护，一致认为农业可持续发展除地域的热量、土地和水等自然资源以及合理的外部投入（化肥、农药等）外，还决定于对农田（耕地、果园、牧草地）生态服务功能的维护和持续供给（图1-5），而农田生态服务功能的高低主要取决于农业生产系统（农田）和沟路林渠等构成的农田景观镶嵌体的生物多样性。

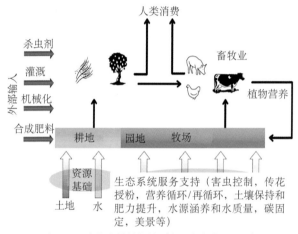

农田景观生物多样性保护（农田内和农田周围）

图1-5 农业可持续发展的生态学基础和生态服务功能

在德国，大约有25%的濒危物种存在于占国土面积2%的自然保护区，其余75%存在于占50%国土面积的农业区和占30%国土面积的林业区。农田景观要素包括农田以及沟路林渠、坑塘湿地、河溪等自然和半自然生境。景观要素的形状、组成和空间配置对景观中的生物和生态系统功能有重要影响。优化景观组成和配置是实现农田景观生物多样性保护和维护农田景观生态功能的重要途径。欧盟国家要求农场主在农场中必须保持5%～8%的非作物或草地生境，才能得到国家农业生态环境补贴。

二、提高传粉功能以及果蔬产量和品质

全球与人类食品密切相关的10大类100种农作物中，每年昆虫授粉产生的经济价值高达1 529亿欧元，其中水果和蔬菜就占1 015亿欧元。欧洲昆虫授粉者的价值估计约220亿欧元/年；美国整个授粉昆虫的生态服务价值约3 000亿美元/年；每年昆虫授粉对中国水果和蔬菜产生的经济价值为521.7亿美元（约3 000亿元人民币），占44种水果和蔬菜总产值的25.5%（刘云慧等，2012；戴源源等，2015；张鑫等，2015）。

但传粉动物正面临着大范围生物多样性丧失的危险。全球不同地区尤其是欧洲和北美洲国家的调查显示，传粉动物的多样性均呈现下降的趋势。例如美国1947—2005年间蜜蜂蜂群减少了59%，而中欧在1985—2005年间蜂群减少了25%。整个欧洲平均有16%～20%的蜂群已经消失，特别是野生的传粉物种显著减少，严重影响了需要昆虫授粉的作物的产量和品质。英国与荷兰的蜜蜂多样性在半数以上的景观中出现了下降，尤其是生境或食性相对专一、喙较长、迁移性差以及繁殖速度慢的物种，其丰度降幅更大。英国89%的蝴蝶分布范围缩小，数量下降，但一些迁移能力强、生境广布的蝴蝶物种逐渐在群落中占据优势。

维持传粉动物的物种多样性或功能群多样性，可以提高作物授粉的成功率，直接关系着作物的产量、品质和经济价值。研究分析显示，全球约70%的主要作物（产量占全球作物总产量的35%）可通过动物传粉增产。在我国，主要种植的44种水果和蔬菜中约57%为虫媒作物，其产值占了蔬果总产值的25.5%。动物传粉不仅能使作物增产，还可以提升食物的营养价值和商业价值，例如传粉能提高杏仁中油酸和亚油酸的含量，改善草莓的质量和保鲜期，增加油菜籽的含油量。经过动物授粉后，食物中的维生素、抗氧化物、脂类、微量元素等营养物

质的含量也会增加，使得人类的膳食更健康。如果没有传粉动物，全球农业总产量预计会下降3%～8%，若要弥补这部分损失，全球需要将2/3的陆地变为耕地。另外，较高的传粉动物多样性可以使植物与传粉者的物候期保持更好的同步，提供更充足的传粉服务，以应对气候变化导致的作物物候期变化。

三、提高病虫害综合防治水平，降低害虫爆发风险

害虫生物防治主要是利用天敌昆虫、昆虫病原微生物、昆虫信息素、生物农药和转基因技术实现对害虫的控制。从生物多样性角度看，大致可以分为三个层次：一是通过转基因技术实现对害虫的控制。二是利用同一作物不同品种的混合种植，不同作物的间作、套种和混合种植等。如云南农业大学朱有勇等对作物遗传多样性控制病害的效应和机理进行了深入研究，揭示出作物遗传多样性种植控制病害的机理主要是多样性混栽群体的遗传异质性、对病原物的稀释效应、抗性植株的物理隔离效应、诱导抗性效应和协同进化等。三是做好生境管理，增加天敌数量，控制有害生物。综合各种因素看，进行生境管理、增加天敌数量是控制害虫最有效、最可行的方法。生境管理、增加天敌数量的水平，主要取决于环境友好型技术应用和农田景观管理水平的高低。

对天敌昆虫的利用方法又可分为保护和招引本地天敌昆虫、人工大量繁殖和放养以及引进外来种。在自然条件下约有99%的潜在有害生物能够被天敌控制。生境管理主要是利用生物多样性来控制害虫，通过在农田景观中建设适宜的生境，营造合适的植物多样性，满足天敌对不同资源的需求，以保护和吸引天敌、增强对害虫的有效控制；或直接作用于害虫，降低害虫对作物的危害。与其他生物防治方法相比，生境管理控制害虫的方法，不但可以大大减少各类药剂在环境中的投放量、人为

频繁干扰以及药品研制、施用等环节中产生的成本与消耗，还可以降低虫害所造成的损失，提高作物产量。

农田景观要素的组成及空间配置状况同样影响天敌的多样性和害虫的危害状况。但是最新的研究分析表明，景观复杂性可增加自然天敌种群，包括拟寄生物、步甲、瓢虫、食蚜蝇幼虫、隐翅虫和蜘蛛等，表明景观驱动自然天敌种群可以认为是一种普遍的现象。90%的天敌需要1种以上的半自然生境（林地、农田边界、坑塘等），仅有50%的害虫需要1种以上半自然生境，田园景观均质化对天敌的影响要远大于对害虫的影响。总体上，增加农田景观多样性包括作物种植的多样性和自然、半自然生境的多样性，有利于增加天敌数量、控制害虫。

四、提高土壤保持和水土涵养功能

土壤微生物是土壤中物质形成与转化的关键动力，在维系土壤结构、保育土壤肥力、影响土壤植被等方面起着不可替代的作用。土壤微生物是主要分解者，对生态环境起着天然的过滤和净化作用，是决定土壤自净、污染物消纳等重要功能的主导因子；同时，土壤微生物也是联系大气圈、岩石圈、水圈和生物圈的纽带，在全球物质循环和能量流动中起着重要作用。20世纪50年代以来，生物多样性与生态系统稳定性的关系一直是生态学中重点讨论的理论问题之一。研究表明，增加土壤微生物有利于土壤肥力保持以及养分循环和固定，但是对微生物多样性与系统稳定性关系的研究尚处于起步阶段，特别是如何保护土壤微生物多样性、调节土壤生态服务功能还处于研究阶段。目前，增加土壤微生物唯一的做法是通过保护性耕作、施用有机肥。

优化农田景观格局，构建多样性农田景观生态系统，也有利于提高水土涵养能力，实现从"源头控制—过程拦截和阻断—受体保护"的面源污染控制（图1-6、图1-7）。从景观尺度

图1-6 美国的农田景观案例

注：水环境质量提升，景观尺度上技术措施包括梯田植物篱、缓冲带、过滤草带、小片林地、自然化驳岸等高耕作、带状种植、甲虫堤等。也包括病虫害综合防治、养分综合管理等保护措施。摄于美国爱荷华州（Tim McCabe 摄，USDA NRCS）。

图1-7 美国爱荷华州农田缓冲带案例

注：沿着农场的半自然生境布设防护缓冲带，当地的野生牧草和非禾本科植物混合种植是防护缓冲带的重要组成部分。摄于美国爱荷华州（Roger Hill 摄，USDA NRCS）。

上保护生物多样性和开展农业面源污染控制，已成为欧美等国家面源污染治理、提高水质的重要方法和途径。

五、传承乡土景观特征和农耕文化

传统农田景观是劳动人民长期改造自然条件、适应生态环境的产物，具有很强的地域性特征，既具有历史文化价值及审美、娱乐、生物多样性和生态系统服务功能，又能为乡村可持续发展提供有价值的资源（图1-8）。尽管我国5 000多年的农耕文化创造了大量科学合理的农田景观，但在过去40年快速城镇化发展历程中，由于人们对村镇乡土景观的认识不足和过度开发，乡土景观受到农业生产和城镇化的两头夹击，逐渐出现乡村景观类型单一和均质化、生态系统服务功能受损等问题。农

图1-8 贵州喀斯特区域典型乡村景观

田景观整体空间格局和要素建设所蕴含的科学原理、工程技术、工艺和文化，可为乡村空间格局优化、物质循环生态工程措施改进、促进生物多样性保护、生态系统服务维护提供重要科学依据和技术支撑。农田生态景观在文化遗产保护、景观美学、地域感和身份感、社会幸福感、农村生计、生态系统服务、促进旅游业发展、本地化的有机食品生产等过程中可以发挥重要的功能和作用。

图1-8是贵州喀斯特区域典型乡村景观，图中体现了顺应地势的多样性农田、自然驳岸河道，乡村特色建筑。

第二章

农田生态景观建设现状

第一节　国外农田生态景观现状

　　欧美国家非常重视农田景观生物多样性保护。欧盟积极推进农业的多功能性，实施农业环境措施和环境管护，建设高自然价值农田；美国通过农业自然资源保护项目，加拿大通过实施农场环境计划，推进农场生态环境保护和生物多样性保护。相对来讲，欧盟①的农业发展和农田景观与我国相似程度比较高，本节主要介绍欧盟的农田生物多样性保护的政策法规计划、建设技术、建设方法和建设途径。

一、政策法规计划

　　欧盟于1979年制定鸟类条例（EU Birds Directive），于1992年制定栖息地条例（Habitats Directives），并于1992年提出"自然2000计划"（Nature 2000）。欧盟"自然2000计划"中，提出了农田景观生物多样性保护和农田生态景观营造要求，开始通过生态补贴让农户执行农业环境技术措施。2006年，欧盟又颁布了《欧洲景观公约》（European Landscape Convention），将生态系统和景观保护、修复和提升作为生物多样性保护的核心内

---

　　① 1967年7月1日欧洲共同体成立，直到1993年11月1日《马斯特里赫特条约》生效，欧盟成立。下文不分时期，统称为"欧盟"。——编者注

容。其中，农业环境管护实现了直接补贴和生态补贴的综合。

欧盟共同农业政策（Common Agricultural Policy，CAP）推行农业环境措施，目标是提高农业的多功能性，加强农田景观环境保护和生物多样性保护。农业环境措施从国家、地区或地方等不同的尺度设计，以便它们可以适应特定的农业系统和特定的环境条件。农业环境的措施得到了欧盟成员国的联合资助。该行动计划的重点是：促进和支持环保的耕作方法，该方法可以直接或间接地促进生物多样性保护；在生物多样性丰富的地区支持可持续发展的农业活动，建设高自然价值农田。维护和加强农田绿色基础设施、恢复和提升农田生态景观服务功能的主要措施有：①将5%的农田建设为"生态补偿区域"；②保持永久草地总面积不变；③多样化种植（大农场需要至少种植3种不同的作物）；④维护并提升农田景观基本格局和特征；⑤采取适当的措施，改善珍稀鸟类和本地鸟类减少的状况；⑥位于保护区的农户要开展环境友好型生产；⑦恢复一些生物多样化的草原；⑧用景观尺度的方法恢复传粉昆虫栖息地。2014—2020年的乡村发展计划中，生态景观作为优先发展领域之一，其主要内容为恢复、保育和强化与农业和林业相关的生态系统，重点包括恢复、保育和强化生物多样性，包括"自然2000计划"区域、面临自然或其他特定约束的区域、高自然价值农田和欧洲景观状态；改善水资源管理，包括化肥和农药管理；防止土壤污染，改善土壤管理等。

二、农田生态景观建设技术

欧盟农业/农村发展政策以农户为主体，欧盟国家给予资金补贴，欧盟成员国最早建立了农业环境措施制度，将生物多样性保护全面融入到农业环境措施中，并提出了一系列针对农田生物多样性保护的措施。如英国自2005年开始先后提出4个级别的环境管护制度，即入门管理（Entry Level Stewardship，ELS）、有机入门管理（Organic Entry Level Stewardship，OELS）、针对农场位于有重要生态价值和生物多样性保护区域的较高水平管理（Higher Level Stewardship，HLS）及专门针对丘陵地区的入门/有机管理（Upland Entry Level Stewardship/Upland Organic Entry Level Stewardship，UELS/UOELS）。每个级别的管理涉及多项技术。如入门农场生态环境管护包括10个方面60多项技术措施，包括：①基本要求（土地保护和管护记录）；②沟路林渠边界；③农场树木和林地；④历史景观要素；⑤农田缓冲带；⑥农田生物多样性保护；⑦多种作物种植；⑧保护土壤和水源；⑨极度贫瘠土地管护；⑩脆弱草地和荒地管护。每项技术措施又根据情况进一步细化，如湿地管护包括湿地修复、湿地重建、湿地提升。需要说明的一点是，这些工程技术措施大部分具有多功能性，比如不仅能防治面源污染，还能保护和提高生物多样性。

三、建设方法和途径

共同农业政策（CAD）是欧盟最重要的农业政策，它以价格支持政策为核心，间接地影响着欧盟的农业土地利用和生态环境管护政策。CAD经历了三个阶段的改革，实现了从"第一支柱"向"第二支柱"的转变。

第一支柱主要是"直接支付"，直接支付是根据农业产量的支付，以弥补农民在国际贸易中低价出口的损失。在农产品价格支持不断降低的同时，直接支付逐渐提高。2002年CAD改革提出"交叉达标"（Cross-Compliance），即有条件的直接支付，是指为了获得全额的单一农场支付，农民必须达到农村环境保护、生物多样性保护、粮食安全、动物健康、动物福利以及职业安全等方面的最低标准，其中环境方面包括防治土壤侵蚀、保护土壤有机质、保护土壤结构、保持最低限度的耕地维护、避免生境恶化。

2005年欧盟制定了农村发展计划，推动了第二支柱政策的发展。第二支柱是在农户达到直接补贴对环境基本要求的基础上，还需要实施更广泛的农村生态环境保护措施。欧盟基本上按照各50%的资金补贴农户，与农户签订持续5～10年的合同。获得补贴的农民，如果达不到这些标准，将会受到一系列处罚。关于交叉达标的要求都十分具体。下面是英国二支柱。

英国的农业环境措施改名为环境管护。环境管护包括了四个级别。表2-1是一个农场案例根据各项技术措施实施的得分情况。

表2-1 农场生物多样性保护案例

技术措施	单位技术措施分值	工程量	总分
提升树篱质量和效果	每100米42分	500米	210
低投入农田	每公顷85分	8公顷	680
渠道生态化护坡管护	每100米24分	750米	180
田间边角地种植和管护	每公顷400分	1公顷	400
农场鸟类巢域区建设	每公顷450分	2公顷	900
耕地中溪流6米缓冲带建设	每公顷600分	1.5公顷	900
云雀栖息点	每个点5分	18个点	90
耕地中1棵树保护	每株树16分	10株	160
为保护特定物种进行缓冲带强化建设	每公顷600分	0.5公顷	300
总计			3 820

注：每项工程技术制定资金补贴分值标准。农户加入入门环境管护制度条件是每公顷至少获得30分，每年补贴30英镑，合同期为5年，高级管护为10年。假设农户有100公顷土地，该农户至少要获得3 000分才能加入入门环境管护等级。如Blaze农场农户采取的环境管护技术措施，每年该农户可以有3 820英镑的补贴，英国自然管理局实施分期付款，抽样检查。

第二节 国内农田生态景观现状

一、农田生态景观存在的问题

实施"藏粮于地、藏粮于技"战略根本在于耕地与农田生态系统保护和建设。只有保证了足够数量的耕地面积和不断提升耕地质量，确保耕地资源的可持续利用，才能保障国家粮食产量和粮食安全。然而，不管是从耕地数量还是质量上，我国当前耕地资源形势都非常严峻，面临着耕地资源匮乏、整体耕地质量偏低、土壤退化和污染严重等问题。

我国农田生态景观有退化趋势，主要表现为：一是由于土地过度开发和不合理利用导致农区周围的自然生境减少；二是集约农业的规模化导致农区半自然生境林地、坑塘湿地等"岛屿"与沟渠路林等线状景观要素减少并且过渡硬化，以及农田林网结构与树种单一化等问题，出现田园景观均质化；三是种植和养殖生态系统单一化和普遍推广高产品种导致传统品种和遗产资源消失；四是农业农药、化肥大量使用和农田、水体污染等造成农田生态系统中资源型生物、益虫（如蜜蜂类、寄生蜂类等）和益鸟减少；五是盲目地追求"田成方、路成网、渠相通、树成行"的标准化建设，通过推土机式的力量对土地进行过分的改造，轻视生态系统循环、共生，致使大量需要生态化的沟渠路被过度硬化，多样化的小树林被砍掉，水塘被填埋，溪流被拉直，导致孕育地域文化的生物、生态和生活的乡土风貌严重受损。

二、农田生态景观研究的现状

（一）研究概况

由于农业集约化发展的需求，我国于1988年正式开始实施土地整治。这在之后的20年发展尤为迅速，实施范围广泛、实施速度快，极大地重塑了我国农田生态景观。我国国内生产总值不断的加快国内生产总值增长和城市化进程导致了大量农业用地的减少和农村劳动力的流失。保证粮食安全，缩小城乡贫富差距，是我国当前的重要发展目标。对此，我国政府出台了一系列政策，包括耕地保护政策、粮食生产性补贴、新型职业农民培训等。执行耕地占补平衡（1997年）和高标准农田建设两个土地保护政策，始终把耕地补充和改善农业基础设施作为我国土地整治的核心目标。2005年我国实施的城乡建设用地增减挂钩政策进一步强化了这些以农业为中心的土地整治目标，这一政策延伸了土地整治范围，涵盖了农村居民点，使土地整治和农村环境的关系更加紧密。由于快速的城市化进程和严格的耕地保护政策，开展土地整治项目补充耕地也成为许多地方政府获得建设用地指标和财政收入的重要手段。这些土地整治项目通常将农田景观中农田边界、林地、草地、湿地等非农生境作为未利用地，开发为补充耕地，加剧了非农生境的减少。在这一过程中，我国许多地区的传统农田景观转变为"路成网、田成方、树成林"的单一化均质化景观。这正是导致农田景观中生物多样性减少和关键生态系统服务功能丧失的重要因素之一。同时，土地整治项目也加快了现代集约化农业的发展，导致了一些农业环境问题。例如化肥、农膜的大量使用已经被证明是我国农田污染的重要原因。根据环境保护部2014年发布的报告，我国大约19.4%的农业用地（135万 km^2 中的26万 km^2）土壤已经受到污染。我国急需制定全国范围的农业环境政策。

尽管我国有关研究单位很早就提出了基于农业集约化发展需求实施土地整治对农田生态景观的副作用。我国土地整治的转型升级尤其是在景观提升和环境保护方面，仍处于试验示范阶段。我国2012年发布的《全国土地整治规划（2011—2015年）》提出综合土地整治，强调景观提升和环境保护，以实现可持续发展，《全国土地整治规划（2016—2020年）》进一步强调以上指导原则。一些研究探索了土地整治中生态学理论和环境友好措施的应用，强调了土地整治项目过程中的生物多样性保护、传统乡村景观特征保护、退化土地修复和多功能协同。生态化设计也在一些土地整治项目案例中得到实践，然而这些探索还难以得到广泛实施。我国《土地整治项目规划设计规范》(TD/T 1012—2016) 缺乏对生态环境保护的考虑。在这一规范的指导下,当前我国土地整治项目的五大工程都是以农业集约化为目标,导致景观模式单一。例如,土地平整工程大量清除了农田边界等非农生境;田间道路工程和农田水利工程中大量使用混凝土或沥青铺装,造成生境破碎化,阻隔物种迁徙;居民点归并将传统农居周围的半自然生境转化为耕地;农田生态防护林工程也存在植物物种单一化的问题,不利于维持生物多样性。通过借鉴欧洲的经验,已有研究者建议将农业环境措施引入中国,以保证农业可持续性。本节特别针对土地整治项目中的典型工程,讨论将农业环境措施引入中国土地整治项目的需求和可能性。

我国许多研究者评价了土地整治对农田景观生态系统服务的影响,例如刘世梁等(2014、2017)、郭贝贝等(2015)、许吉仁等(2013)、张琨等(2017)、王军条(2018)、李明瑶等(2020),但结果各不相同。因此,整合这些研究的结果对于更好地了解我国土地整治的影响,促进土地管理政策的改善尤为重要。

(二)相关文献分析

从国内外经过同行评议并发表的英文及中文文献(包括中文学位论文)中收集全国土地整治项目区内的生态系统服务变化数据研究农业集约化发展及城市化发展背景下我国农田景观的现状。文献检索基于 ISI Web of Science (www.webofknowledge.com) 和中国知网(www.cnki.net)两个数据库。

英文检索词:

"ecosystem service*" "ecosystem function*"	And	"land consolidation*" "land reclamation*" "land rehabilitation*" "land development*"	And	"China*" "Chinese*"

中文检索词：

"生态系统服务"   "土地整治"
"生态服务功能" 和 "土地整理"
"生态功能"   "土地复垦"
           "土地开发"

  检索到的文献通过以下筛选标准判断是否纳入本研究的数据库。首先通过阅读摘要，判断文献是否与土地整治对生态系统服务的影响相关。其次，对相关的文献进行全文浏览，并保留那些评估了多项生态系统服务的文献。最终，只保留提供土地整治项目前后多项生态系统服务的直接或间接数据的文献纳入本研究的数据库。初次检索与数据整理在2016年8月的实地调查及农户访谈前完成，文献最终更新时间为2018年1月。

  根据这些标准，我们一共筛选了28篇文献纳入数据库，涉及全国40个土地整治项目。在这40个土地整治项目中，除了一个项目区没有相关数据，其余项目区的耕地都有所增加。然而大部分土地整治项目区都经历了非农生境（林地、草地和湿地）的减少，并且其中15个项目区非农生境面积减少超过30%。对于生态系统服务总价值，20个土地整治项目有所增加，另外20个项目区有所减少。绝大多数项目区实施土地整治项目后，食物供给提高（32个提高、4个降低），但生物多样性维持（26个降低、8个提高）与文化服务（22个降低、9个提高）降低。超过一半的土地整治项目促进了土壤形成与保护（23个提高、10个降低）、气候调节（23个提高、10个减低）的提高。水源供给与涵养（17提高、16降低）、气体调节（18个提高、18个降低）及废物处理（17个提高、16个降低）的变化趋势不明显。通过比较发现，我国土地整治项目引起的变化最大的三项生态系统服务是食物供给、生物多样性维持与文化服务。

（三）耕地与食物供给

在本部分文献收集的数据表明，40个土地整治项目中，有32个引起了食物供给服务的增加。这些服务价值一般是基于土地利用计算的，食物产量都没有被直接衡量。有研究基于时间序列（2006—2016）评估了农业产量，发现我国土地整治项目在提升农业产量上的效益低，可能是因为自然资源在土地整治过程中受到了破坏。因此，我国土地整治项目能够有效地提高耕地面积与农业基础设施水平，为食物供给服务的提升提供了更好的基础。但要提高实际的食物产量，维持和保护可持续的农田生态系统也很重要。

（四）非农生境、生物多样性维持

我国土地整治项目普遍导致了生物多样性维持服务的降低，揭示了全国土地整治项目下非农生境的丧失。这表明我国的土地整治项目亟需整合环境保护目标。许多生态系统服务是以生物多样性为基础的，特别是一些农业和乡村发展必需的调节服务，例如污染调节、害虫控制、地下水补给、土壤肥力和侵蚀防治等。土地整治项目引起的景观单一化加剧了生物多样性丧失，进一步威胁这些生态系统服务的供给。这迫使农业生产更加依赖高投入模式，例如大量施用化肥和杀虫剂。而这又进一步加剧了生物多样性和生态系统服务的丧失，形成恶性循环。因此，为了维持农业和乡村发展的可持续性，我国土地整治亟需由针对农业生产单一目标的简单土地整治，转型升级为协同多种生态系统服务的综合土地整治，特别要加强生物多样性保护。

（五）文化服务

在乡村地区，乡村文化景观的价值可能体现在精心维护的耕作景观、乡土建筑及与当地自然资源相关的特色文化。土地整治常常很大程度上破坏和重塑这些元素。由于我国《土地整治规划设计规范》(TD/T 1012—2016) 很少考虑地域气候、地形、自然资源特征，导致我国许多地区乡村景观同质化。农业集约化发展是土地整治项目的主要目标，也是全世界乡村文化遗产的重要威胁。

第三节　北京农田生态景观建设现状

近年来，北京市结合休闲农业与景观农业建设，开展了农田生态景观建设实践。北京市农业技术推广站于2018年开展了北京农田生态景观建设现状调研，通过乡（镇）普查的形式获取整体规模和布局数据。由乡（镇）统一填写统计表格，尽可能全面地获得北京市域范围内所有农田景观的相关信息，共回收13个区82个乡（镇）的数据采集表，涵盖农田景观点289个。（根据：《北京统计年鉴2018》数据），2017年北京市全市共有农业观光园1 216个。据调研，依托农田景观的观光点占全市总观光园的比例为23.77%，不涉及养殖园区、纯果树种植的园区等完全没有种植业的观光园。北京市在乡（镇）普查的基础上，根据规模布局和主要类型进行分层抽样，开展问卷和实地调查，共回收问卷73份，占普查数据的25.26%。

一、发展现状

（一）规模布局

由表2-2可知，北京市2018年农田景观面积9 185hm²，超过2013年统计的6 667hm²，增幅38%左右，形成了平原大田景观、山区田园景观和设施园区景观三大类型。平原大田景观位丁平原区，依托大田种植营造景观；山区田园景观位于山区沟域，农田景观与周围自然山水融合成景；设施园区景观为生产型设施园区转型发展观光采摘和休闲农业的产物。根据调研结果，在数量上，山区田园景观＞设施园区景观＞平原大田景观；在总面积上，山区田园景观＞平原大田景观＞设施园区景观；在平均单点面积上，平原大田景观＞山区田园景观＞设施园区景观。在抽样调查的园区中（图2-1），占地面积在 7 ~ 33hm² 的园区占

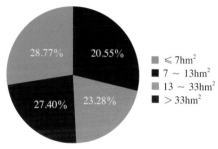

图2-1　2018年北京市农田景观规模分布

50.68%，33hm² 以上的园区占28.77%，≤7hm² 的园区所占比例仅为20.55%。

表2-2　2018年北京市农田景观类型分布

类型	个数	个数比例（%）	总面积（hm²）	面积比例（%）	平均面积（hm²）
平原大田景观	84	29.1	3 415	37.2	41
设施园区景观	91	31.5	2 066	22.5	23
山区田园景观	114	39.4	3 704	40.3	32
合计	289	100	9 185	100	32

（二）作物栽培

根据抽样调查，北京市景观农田选择的主栽景观作物大多为观食兼用作物（表2-3），具有一定经济效益，种植者认可度较高。油料作物种植最多，达914hm²，占36.39%，其中82.54%为观赏价值较高的油葵和油菜；其次为粮食作物，占

36.25%，以玉米、红薯等可用于采摘的品种为主。另外，蔬菜、果蔬和药材分别占14.37%、9.43%和3.54%。

表2-3　主要景观作物面积与比例

景观作物种类	面积（hm²）	比例（%）
油料	914	36.39
粮食	911	36.27
蔬菜	361	14.37
水果	237	9.43
药材	89	3.54
合计	2 512	100.00

农田景观建设过程中应用到的轻简栽培技术主要包括节水灌溉技术、覆盖除草技术和机械化栽培技术。其中微喷、滴灌等工程节水技术全覆盖的农田景观点占36.99%；完全不使用工程节水技术、采用畦灌或旱作的多位于山区，占28.77%。除草是景观营造过程中人工投入最大的环节，但多数仍未采用覆盖除草技术，比例高达68.49%（图2-2）。调查点的种植过程机械化程度也较低，播种、除草和收获环节的机械化应用比例分别为41.1%、34.25%和30.14%（图2-3）。

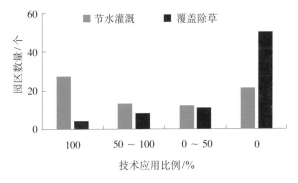

图2-2　节水灌溉和覆盖除草技术应用情况

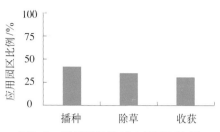

图2-3　种植环节机械应用园区比例

（三）配套设施

由表2-4可知，68.49％园区配备了可冲水的厕所，满足了游客的基本需求；72.60％的园区配备了科普展示牌，满足了游客的科普需求；50.68％的园区配备无线网络，说明有一半的园区重视游客在游览过程中对无线网络的需求。但是受园区用地和投入成本的限制，具有餐饮和住宿功能的园区较少，分别占39.73％和28.77％，而这两项是形成收益较多的项目，说明多数园区都处于初级的观光阶段，不能提供餐饮和住宿这类有效的盈利模式。在调查过程中发现，有一部分园区曾提供餐饮和住宿且获利较好，但因拆违整治，停止了相关服务。

表2-4　农田景观服务设施配套情况

服务设施	园区个数（个）	比例（％）
可冲水的厕所	50	68.49
配套餐饮服务	29	39.73
配套住宿服务	21	28.77
科普展示牌	53	72.60
无线网络	37	50.68

（四）营销方式

微信和网络已经成为景观休闲农业园区的主要宣传渠道

（表2-5），分别有78.08%和72.6%的园区采用这两种方式开展对外宣传。口碑营销（熟人）也是普遍会采用的手段，应用比例占69.86%。有52.05%的园所在区都通过所在区旅游发展委员会对外发布过宣传信息。实体广告牌的应用率较低，占21.92%。也有的园区会通过电商平台等其他渠道进行对外宣传。

表2-5　景观休闲农业园区宣传渠道

宣传渠道	园区个数（个）	比例（%）
微信发布	57	78.08
网络发布	53	72.60
口碑营销（熟人）	51	69.86
所在区旅游发展委员会	38	52.05
媒体广告	30	41.10
实体广告牌	16	21.92
其他（电商平台）	1	1.37

另外，在调研中的受访园区中，有33个举办过农事节庆活动，占45.21%。这些活动分为5类，一是以节假日为吸引点，如"五一""三八""六一"及重阳、七夕、中秋、植树节等节假日；二是围绕特色作物为主题的农事节庆活动，如艾蒿节、菊花文化节、油菜花节、草莓节、薰衣草文化节、蔬菜采摘节、京白梨采摘节、玫瑰之约；三是依托非作物的装饰物，如风车节、灯光节、稻草人节、油纸伞节等；四是以农耕体验为主题的农事活动，如开耕节、秋收节、插秧节等；五是围绕健身展开的活动，如徒步活动。

（五）经营情况

目前京郊的农田景观经营主体类型最多的是企业，占41.1%；其次是合作社和村集体，分别占27.4%和23.29%。经营项目有观光、农产品生产、采摘、科普教育等，其中开展观光和农产品生产的园区占50%以上；提供采摘、科普教育项目的园区占40%~50%；开展亲子活动、餐饮、住宿、农产品加工的园区占20%~40%；开展婚纱摄影和会议项目的园区占10%~20%；开展露营、市民农园、休闲渔业、房车等项目的园区比例均在10%以下。另外，由图2-4可知，17.80%的农田景观点仅开展了1个项目，活动单一，影响游客的休闲体验；开展2~4个项目的占68.49%；经营5个以上项目，能为游客提供丰富的体验项目的园区仅占31.51%。另外，有45.21%的点举办过农事节庆活动，包括传统节日庆典、特色作物文化体验、农耕体验、健身活动以及近年来在京郊较为流行的风车节、灯光节、稻草人节等依托非作物装饰物的活动。

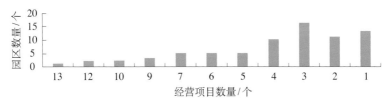

图2-4　农田景观园区经营项目多元化程度

　　调研中受访农田景观点对投入和产出等项目进行了投票（图2-5），分析农田景观点的效益情况。在投入方面，97.26%的园区表示用工是其经营的主要开支，其次是种子、肥料、休闲设施和广告。说明目前在运行过程中，主要的资金投入都流向了农业种植所需要的劳动力、种子、肥料等一般开支，在体验设施等方面投入较少，景观休闲农业发展仍停留在观光阶段。在产出方面（图2-6），投票数最高的是农产品生产，远高于其他项目，说明目前多数农田景观的产出主要来自第一产业，与第三产业融合程度较低。投票数第二的是采摘，也是投入少、与第三产业融合程度低的项目。投票数第三至第五的分别是餐饮、门票和娱乐项目，住宿、其他商品销售、会议和婚纱摄影

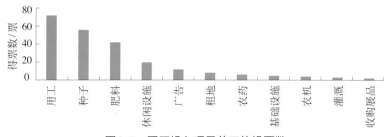

图2-5 园区投入项目前三位投票数

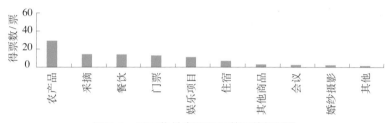

图2-6 园区收益来源项目前三位投票数

等的得票数远低于上述项目。另外，没有任何产出的占6.8%，仅依靠农产品产出的占13.70%。

总体而言，处于亏损经营状况的农田景观点占27.40%，投入产出基本持平的占12.33%，实现扭亏为盈的占60.27%。说明至少有39.73%的园区并未实现盈利，仍在艰难维持。在所有农田景观点中，表示享受过政府补贴的占39.73%，这些补贴包括基本菜田补贴、景观农田补贴、种植结构调整补贴、休闲农业园区奖励、生态标准园创建补贴等，另有一部分种子、种苗和肥料等物资补贴。

二、生态景观评价

（一）评价方法

农田景观评价既是景观规划的基础，也是景观规划过程的有机组成部分，目的在于对农田景观所发挥的经济功能、社会功能、生态功能和美学功能进行合理评价，建立农田景观资源合理开发利用的体系，揭示现有农田景观中存在的问题和确定将来发展的方向，为农田景观规划与设计提供依据。

国外关于乡村景观评价的研究始于20世纪50年代，并形成了完整的理论体系，推动了世界农业与乡村景观规划的发展。而国内关于乡村景观规划的研究较晚，始于20世纪80年代，在乡村景观的美学与生态功能、经济与社会功能、综合评价几个方面取得了一定进展。这些评价方法具有多指标、综合性强、跨学科、专业化等特点。例如在景观美学方面，就有斑块和廊道的大小、面积、密度等指标，对于农业技术推广人员来说过于复杂，不易掌握、不易实施。

为了在农业种植业领域内对农田景观进行较为客观的评价，构建了针对农田景观的简易评价表（表2-6），从农田内部景观和周边辅助景观两个方面出发，对农田景观进行简单评价。其中农田内部景观包括清洁性、整体性、整齐度、季相多样化、艺术性和生态性6项指标，周边辅助景观包括田间道路、坡面防护与边角地利用两项指标。

表2-6　农田景观简易评价表

评分项目	选项	得分	请打"√"
1 农田内部景观（16分）			
1.1 清洁性（3分）	a.农田内部和周边有地膜等废弃物残留或堆放	0	
	b.农田内部及周边无废弃物	3	
1.2 整体性（4分）	a.农田斑块大小配比或色彩搭配不当，景观效果差	0	
	b.农田斑块大小和色彩搭配较为适宜，景观效果一般	2	
	c.农田斑块大小适中，空间布局合理，色彩和谐，景观效果好	4	

（续）

评分项目	选项	得分	请打"√"
1 农田内部景观（16分）			
1.3 整齐度（3分）	a.农作物长势不整齐，有斑秃	0	
	b.农作物长势整齐，无斑秃和裸露	3	
1.4 季相多样化（2分）	a.一年一季景观	0	
	b.一年两季景观	1	
	c.一年三景有景可赏	2	
1.5 艺术性（2分）	a.单一连片种植，没有艺术化	0	
	b.利用色彩变化进行条带种植，景观效果较好	1	
	c.创意图案种植，景观效果较好	2	
1.6 生态性（2分）	a.未采用缓冲带、生物岛屿、周年覆盖等农田生态景观工程措施	0	
	b.实施了缓冲带、生物岛屿或周年覆盖等农田生态景观工程措施，但规模较小	1	
	c.实施了缓冲带、生物岛屿等农田生态景观工程措施，且初具规模，或全面实行了农田周年覆盖	2	
2 周边辅助景观（4分）			
2.1 田间道路（2分）	a.路面破损不平，或路面状况较好但两侧无植被绿化	0	
	b.路面状况较好，两侧有单一的植被绿化	1	
	c.路面状况较好，两侧有多样化的植被绿化，景观效果较好	2	
2.2 坡面防护与边角地利用（2分）	a.坡面裸露、无覆盖，边角地未利用、杂草丛生	0	
	b.如有坡面，坡面有植被覆盖，但覆盖度小于80%；边角地有种植显花植物形成半自然生境，但规模较小	1	
	c.如有坡面，坡面植被覆盖度高于80%；边角地利用效果较好，半自然生境具有一定的规模	2	

　　评分说明：11分以上即合格，包括清洁性（3分）、整体性（2分）、整齐度（3分）、季相多样化（1分）、生态性（1分）、田间道路（1分）等基本要求；12～16分为建设效果良好；17分及以上为建设效果非常好。

（二）评价结果

由表2-7可知，在调研中受访的73个农田景观点中，有8个园区得分低于11分，占10.96%；47个园区得分范围在11～16分，占64.38%；17分以上有18个园区，占24.66%。基本呈现正态分布，一半以上园区建设效果良好，约1/4的园区建设效果非常好，有1/10的景观建设不合格。

表2-7　农田景观简易评价总得分情况

分值范围	园区个数（个）	比例（%）
低于11分	8	10.96
11～16分	47	64.38
17分及以上	18	24.66

调研中受访园区除个别外，在清洁性方面基本能拿到满分，说明目前农田景观园区在园区卫生方面基本能够达到要求（图2-7）。

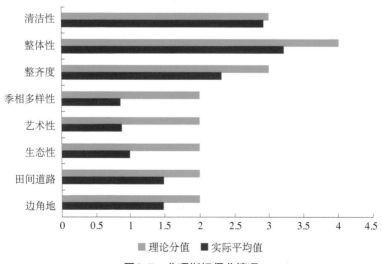

图2-7　分项指标得分情况

在整体性方面，实际平均值占理论分值的80.14%，其中有3个园区得0分，23个园区得2分，47个园区得4分，说明超过95%的园区可以达到整体性的一般要求，超过60%的园区农田斑块大小适中、空间布局合理、色彩和谐、景观效果好。

在田间道路工程方面，有64.38%的园区路面状况较好，两侧有多样化的植被绿化，景观效果较好；19.18%的园区路面状况较好，两侧有单一的植被绿化；16.44%的园区路面破损不平，或路面状况较好但两侧无植被绿化。说明约1/3的园区需要加强道路路面整治、构建多样化的植被绿化。

在边坡及边角地利用方面，有60.27%的园区坡面植被覆盖度高于80%或在边角地构建了一定规模的半自然生境；27.40%的园区坡面有植被覆盖，但覆盖度小于80%，或在边角地构建了小规模的半自然生境；12.33%的园区未对裸露边坡或边角地进行有效利用。

季相多样性、艺术性和生态性这三个方面，实际平均分都未达到理论分值的一半，说明目前多数园区需要在这三个方面进一步提升（表2-8）。季相多样性、艺术性和生态性也是景观休闲农业提档升级的重要内容。

其中，季相多样性虽然受制于北方气候条件的影响，不能形成四季景观，但通过茬口搭配，仍可以做到春、夏、秋三季有景。但目前39.73%的园区只做到一年一季景观，34.25%的园区做到一年两季景观，只有26.03%的园区做到了一年三季有景。

在景观艺术性方面，只有26.03%的园区开展创意图案种植，35.62%的园区通过条带种植等方式提升景观效果，有38.36%的园区单一成片种植景观作物。

在生态性方面，31.51%的园区没有采用缓冲带、生物岛屿、周年覆盖等农田生态景观工程措施；38.36%的园区采用了这些生态景观工程，但规模较小；30.14%的园区实施了缓冲带、生物岛屿等农田生态景观工程措施且初具规模，或全面实行了农田周年覆盖。

表2-8 园区在季相多样性、艺术性和生态性方面的得分情况

得分	季相多样性	艺术性	生态性
2分	19	19	22
1分	25	26	28
0分	29	28	23

三、存在问题与技术需求

（一）北京景观休闲农业存在的问题

1.景观种植水平不高

目前景观种植过程中节水灌溉比例不高，机械化程度低，覆盖除草比例低，导致了种植过程消耗了太多的人工成本，园区经营者负担过重。

在景观种植时，多为规模化种植，缺少文创和生态理念的融合，没有营造出季相多元、色彩丰富、自然生态的农田景观。

2.规划和主题缺乏特色

景观休闲农业园区的规划设计缺乏乡土特色和生态理念。跟风建设较多，缺乏对特色资源的挖掘，景观同质化严重。

3.产业融合程度低

多数园区停留在观光的初级阶段，餐饮和住宿等配套设施较少，经营的项目仍以农产品生产和采摘为主要的盈利点，游客的体验项目较少，且多有雷同，缺乏深度；游客的伴手礼也多为农产品或初加工农产品，缺乏特色。

4.政策环境不稳定

调研发现，仅有39.73%的园区享受过政策扶持，受政策波动遭受拆违损失已成普遍现象。多数园区经营者因为政策环境

的不稳定，对继续发展、提档升级缺乏内生动力。

（二）景观休闲农业经营者的技术需求

由表2-9可知，景观休闲农业园区最大的技术需求依次是园区景观设计规划、休闲体验活动策划、色彩搭配技术、新品种和轻简栽培技术。这5项对园区景观提档升级、创造园区赢利点和减少园区开支具有重要作用。

表2-9　园区技术需求分析

技术需求	园区数量（个）	比例（%）
园区景观设计规划	54	73.97
休闲体验活动策划	50	68.49
色彩搭配技术	46	63.01
新品种	44	60.27
轻简栽培技术	38	52.05
生态提升方案	36	49.32
茬口优化技术	34	46.58

园区对生态提升方案的技术需求较低，一方面是目前生态提升的意识不强烈，另一方面是因为开展生态提升在一定程度上会增加园区的开支，在目前赢利情况不高的情况下，减弱了园区生态提升的需求。

园区对茬口优化技术的需求也不高。原因在于多数园区关注"五一"和"十一"两个小长假的客流量，炎热的夏天客流量并不大，集中力量营造春、秋两季景观，有助于提高园区的效益。

第三章
农田生态景观建设原则

第一节　传承和保护农田景观格局与特征

　　景观特征是指景观的独特性，是区别于其他景观的特性。如同每个人有不同的内在和外在特征一样，所有乡村景观都是独特的，具有明显区别于其他景观的特性。农田景观是乡村景观重要的组成部分，既是农业生产景观和农民生活景观的复合景观，也是历史文化遗产，既具有审美、娱乐、独特生物多样性和生态系统服务功能，又能为乡村可持续发展提供有价值的资源。客观的景观特征及其变化是景观文化的主要表现形式，充分认识这一点，有利于维护、顺应和延续地域农田景观特征，保护和恢复原生生物群落和生态系统，维系地域自然和文化景观特征，实现山水格局、绿脉、文脉的传承。要深入挖掘乡村农田景观的美学和文化价值，充分利用乡土植物、乡土材料、乡土技术和工艺，修复地域文化景观特征，提升地域乡村景观风貌。农田周围的自然生境，包括湿地、水域、河岸带、森林、林地和草地等生境，孕育着丰富的动物、植物和微生物，对丰富当地生物多样性和增强生态服务功能有较大的贡献。如条件允许，各地可通过种植或促进本土物种的生存，恢复当地河岸、湿地、森林、林地和草地的自然状态可有效改善当地农田生态景观。

第二节　优化农田生态景观格局（连通性）

2015年，中共中央、国务院印发的《生态文明体制改革总体方案》提出"山水林田湖草是一个生命共同体"理念。"人的命脉在田，田的命脉在水，水的命脉在山，山的命脉在土，土的命脉在树"，倡导了生态学系统观和生命观，为农田生态系统保护和空间格局优化提供了方法论。农田生态景观记载了人类长期适应和改造自然的足迹，形成了具有唯一感知的景观特征、特定的生物与环境相互作用的生态过程。不同尺度的"生命共同体"具有不同的生态景观特征，而同一生态过程在不同尺度上的变化规律也不同，当低层次的单元结合在一起组成一个较高层次的功能性整体时，总会产生一些新的特性。因此，一个地区农田生态系统空间格局优化，需要分析评价沟路林渠田、山水林田村等不同尺度土地（景观）综合体格局与水土气流动、生物迁移、污染物迁移、天敌-害虫调控、昆虫授粉等生态过程的相互关系及其尺度性；分析山水林田湖所构成的景观特征和形成机制；评价土地开发强度和耕地产能；开展景观格局与污染物、物种流等生态过程及其生态系统服务功能的空间定量化分析，优化农田空间格局，提高国土空间生态系统弹性。按照现代农业发展要求，调整优化农田结构布局，形成集中连片、设施配套的基本农田格局。粮食主产区，将高标准基本农田建设与新农村建设相结合，大力推进田水路林村综合整治，建成规模成片的高标准基本农田，促进适度规模经营；城市近郊区，加强优质农田特别是基本农田保护，强化农田景观和绿化隔离功能，促进现代都市农业和休闲农业发展；生态脆弱区，着力提升耕地生态功能，建成集水土保持、生态涵养、特色农产品生产于一体的生态型基本农田；交通、水利等重大基础设施沿线，加大损毁耕地整理复垦，与周边耕地连片配套建设，统筹划入永久基本农田，提高土地利用效率，改善农田生态景观。加强农田景观连通性，连通自然、半自然生境以及相邻的景观，对生物多样性及其生态系统服务有重要作用。连接陆地生境斑块的那些未耕作的区域，可以作为动物迁移过程的廊道，以便于它们寻找食物和配偶以及年轻个体的扩散，还可以作为花粉和种子传播的路线。

第三节　保护半自然生境及其生物多样性

半自然生境（如防护林、树篱、栅栏、牧场、缓冲区、道路边缘）也有助于保护生物多样性。研究表明，农田景观中超过60%的物种很大程度是依靠半自然生境生存的，但目前随着农田半自然生境面积不断减少，植物多样性大大降低，由传粉蝴蝶、蜜蜂、食谷鸟、啮齿动物、植物、动物寄生虫等相互作用构成的生态网络大大简化，可能会导致病虫害频发。一般情况下，农田中变化最小的区域，保护生物多样性的潜力最大。然而，具有非自然多年生植物或混合自然和非自然植物的其他地区对生物多样性也同样重要。非种植区，尤其是自然生境很少的地方，可以将其自然化，如种植缓冲带、野花带等，以增强其生态系统功能。耕种不频繁的农田中也有大量多样的土壤生物组合，且这些土壤生物能够通过养分循环保持土壤结构和水分，使农田产量增加。此外，将驯化作物与豆科植物混合种植，可以减少额外的养分投入，从而降低成本、减少污染，还能满足家畜营养需求，增加其抗病虫害的能力。

外来入侵物种包括植物、动物和微生物，它们都不是本土的生物，但被有意或无意引进本土。外来入侵物种在与本土物种竞争资源时经常获胜，并大量繁殖。因为它们通常没有天敌或竞争对手，所以很难控制。不受控制的入侵物种能改变生态系统。农业是外来入侵物种的重灾区，不被控制的入侵物种会对农业生产造成严重的影响。因此，要识别、控制，并尽可能根除入侵物种。可以通过保持健康的多年生植被覆盖和多样的本土植被，最大限度地减少受干扰地区（如耕地、道路和小径）和自然生境之间的边缘，或用驯养动物放牧来控制杂草。

第四节　"源头控制—过程阻控—受体保护净化"（健康性）

景观生态学发展逐步形成了实践应用范式，加强"景观格局—生态过程—生态系统服务—尺度和层次性—规划设计—综合景观管理"范式应用研究，大力推进"源头控制—过程阻控—受体保护净化"范式以减少水土流失和控制面源污染的景观方法。源头控制主要是指农药、化肥的控制和减量化应用，禁止在农田景观自然和半自然生境两侧和周围一定范围内使用农药；过程阻控主要是优化田水路林村的景观格局，从过程上控制面源污染，加强沟路林渠生态景观化技术研究和应用，开展缓冲带建设、半自然生境保护和重建、污染水体生态修复、田块作物生产和覆盖轮作、土地休耕等集成化生态景观化工程技术研究和应用；按照水系的自然形态加强水系和河道整治，根据河道等级充分应用乔、灌、草结合的植被缓冲带和水体污染防治的生态工程技术；高度重视坑塘湿地对生物多样性保护的作用和意义，开展生态修复，降低水体污染程度，营造优良生境斑块和优美的亲水景观；重视田埂、沟渠路林边界、地角、田边管护和植被缓冲带建设，减少从农田进入水体的富营养物质。研究证明，设计科学、营建合理的农田景观格局能清除50%以上的化肥和农药残留，可以清除60%以上的病原菌和75%以上的泥沙。我国实施的耕地占补平衡制度甚少考虑耕地生态服务功能区位可获得性，农田基础设施建设甚少考虑阻控氮磷流失、提升授粉和害虫控制需要的生态服务功能等，针对这些问题，应有计划地开展耕地生态占补平衡。在城镇化快速发展区，综合考虑市民对景观开阔性、水土气调节、农耕文化保护等生态服务功能的需求，合理确定耕地数量和空间布局，通过诸如农林业带状种植，河渠缓冲带建设，野花带、多样化农田林网建设等技术措施，推进生态补偿区建设；在平原农业集约化生产区，积极推进缓冲带占用耕地的生态用地占补平衡，包括田埂整治增加的耕地，河溪和渠道两侧控制氮磷流失、生物多样性保护需要的用地；在山地丘陵河谷农业集约化区，推进阻控氮磷流失的河渠缓冲带建设需要占用耕地的生态占补平衡；在生态敏感和脆弱区，尽量保持现有农田空间布局，逐步形成土地共享式布局，降低农业集约化程度，大力推进有机或绿色农业，加强生态景观化工程技术应用及其生态补贴，恢复和提高农田景观生态系统服务功能。

第五节　加强沟路渠生态景观化建设

要注重从多个尺度上开展景观管理和修复（图3-1）。一是要加强农田内作物种植异质性维护和管理。不仅要重视垂直方向上"地下水—土壤—作物—大气"连续体生态过程调控，通过水土资源管理、养分综合管理、病虫害综合防治，开发耕地生态潜力，缩小耕地产量差，还应加强农田内作物种植异质性维护和管理，通过保护性耕作、作物覆盖轮作、冬季覆盖、多层种植、带状耕作、间作套种、带状种植等技术措施，提高水分、养分利用效率。二是要加强农田景观异质性维护和管理，从田块尺度提升到农田景观尺度和山水林田湖草生命共同体尺度上，通过恢复和提升农田生态系统半自然生境质量以及缓冲带、过滤带、湿地修复等生态景观化建设，重建农田生态系统生物关系，恢复和提升景观控制氮磷流失、净化水体、提高授粉功能、保护生物多样性等生态服务功能，促进由疾病防治到

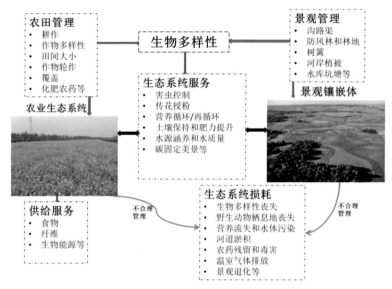

图3-1 从两个尺度上恢复和提高农业生态服务功能

健康管理的绿色生产和生态管护方式的转变。

第六节 提高植被多样性和层次性

植被结构的多样性，即当地本土植被和作物物理结构的变化对生物多样性及其生态系统服务具有的重要作用。维持一个混合的植被层，如杂草、草地、灌木、树木，从而为有益的昆虫及鸟兽提供多样的栖息地。在混合的未开垦的地区，如灌木丛、林地和河岸地区，其结构的多样性很明显，而在天然草地中相对不明显，但我们可以通过种植不同高度的草本植物和木本植被来实现其结构的多样性，从而为本土物种提供庇护所和繁殖地。具有复杂植被结构的栖息地其物种多样性更高，且外来入侵植物等有害的种类更少。

以农田防护林为例，应该与树篱、未耕地、物种丰富的草地和水体等栖息地连接起来，形成生态基础网络，形成椭圆形防护林，中间可以种植高大的乔木，两侧是灌木，构成植物篱，通过不同冠层的树种选择和乔木行距大小使林地具有渗透性或半渗透性，防止湍流出现。在树种选择方面，以耐污染、耐水湿、耐干旱的本土高大落叶乔木为主，落叶、常绿相结合，乔灌木合理配置，推进植物群落和景观多样化，开展生态经济型、生态景观型、生态园林型等多种模式防护林建设。

第七节　加强农田生态景观管护和生态补偿

农田保护不仅需要一次性土地整治投资和农业基础设施建设，更需要日常维护管理投资，加强生态管护。农田生态景观管护强调维护土地的环境，包括土壤、空气、水体、生物多样性等的质量和健康，发现并保护这些资源所隐含的生态系统服务功能和多重价值，并将之视为公众应履行的一种公共责任。农田生态景观管护重点是从行为主体的日常活动对耕地的影响入手，尽可能落实到最直接的利益相关者。

因此，开展农田生态景观管护，要注意以下几点。首先要在制度层面上进行改革，让农民更加获益。其次在落实政府投资和项目实施过程中，有计划地推进以农户（土地使用者）为主体的项目实施制度，以减少外来者在不熟悉当地情况或是利益驱动下导致的有意或无意的失误，提升工程质量。再次是要践行山水林田湖草生命共同体理念，逐步构建多利益相关者参与项目实施的制度，构建良好的伙伴关系。要秉承互相尊重、平等、信任的价值观，开展坦诚的交流、讨论和决策，参与项目实施的整个过程。一个自上而下没有角色冗余、没有相互监督和反馈的管理结构可能在短期内具备高效率，但从长期看并非如此，而会严重降低建设和管护的功效。

为实现多样化的耕地保护目标，应进一步完善市场和公共政策，相应的机构也应发挥支持协同和解决矛盾冲突的作用。要制定激励政策，鼓励利益相关者投入更多的时间和经费，持续不断地开展土地日常生态管护，特别是几年后才能获益的生态系统服务功能更需要持续地投入和强化。我国"项目式"的耕地质量提升方式往往对后期管护重视不够，而各类公司实施的农业基础设施建设也缺乏后期管护。耕地及其山水林田湖草生命共同体生态管护除投资建设外，更强调从行为主体的日常活动着手，把管护的任务尽可能落实到最直接的利益相关者。我国生态补偿政策主要针对天然林保护、退耕还林还草还湿、自然保护区、流域水资源保护来制定，基本上是通过资金补贴和转移支付，对村和农户直接补偿实施项目建设不多，更缺乏对每项工程技术实施的补偿标准。因此，我国需要借鉴欧美国家以农户为主体的农场生态环境管护制度，制定每项工程技术的实施标准、资金补贴额度，加强以农户为主体的耕地生态管护制度建设，研发日常维护技术规程，让"家庭主妇"积极参与"装修队"实施"家园的装修"，管护好"家园"。在我国现有农业补贴政策的基础上，应借鉴欧盟国家的农业补贴政策，针对当前我国农业生态环境保护的需要和农业生产发展面临的挑战，研究制定适合我国国情的农田景观生物多样性保护和生态系统服务功能提升的生态补偿策略，促进生产和生态的协同发展。

第四章

农田生态景观建设设计

第一节　农田生态景观设计方法

一、项目区调研

（一）对当地特色资源的调研

对当地特色资源的调研包括对自然资源与人文资源特色和优势的调研。充分了解当地产业和自然资源优势，才能设计出具有区域特色的农田景观，做到景观设计的唯一性和独特性。

首先要充分了解当地的建设特色和历史文化传承，突出乡土特色。调查区域的可开发程度、环境容纳量和自然承载能力，防止人工外来物种栽植带来不良的生态影响；调查既有的山水资源，了解既有农田、农田周边景观与丘陵、山地、河流、林网等景观的整体性和联系性。其次，要调查是否存在与农田景观建设相结合的特色项目，在注重农田景观规划的同时，兼顾当地农业旅游资源的开发，集农业生产与农业生态观光于一体；调研当地居民与前来旅游观光者的不同利益诉求和喜爱偏好，尤其是在行为心理与环境心理方面的需要。经过以上调研，进行景观设计时才能坚持当地传统文化继承性原则，体现当地景观特色和文化内涵。

（二）对当地气候资源的调研

农田景观规划合理与否的最根本点，在于是否能保证基础生产功能的实现。要考虑植物培植与当地的环境和气候条件是否匹配，生态适应性如何。调研当地温度、降水、土壤质地与肥力、土壤酸碱度和光照等指标是否与所选择的栽植作物的生长习性相匹配，保证植株的正常生长条件。

（三）对当地农业功能区划的调研

农业是一个整体系统，每个地区都有各自的功能区划。要调查景观打造点所在区域在当地的未来规划方向。农田景观建设不仅要基于地形地貌分布现状，更要结合所在区域在当地整体发展规划中的定位来开展农田景观建设，保证景观的可持续性。

二、明确重点建设区域

（一）平原大田景观

位于平原区的粮经作物生产田、蔬菜生产田和花卉景观田，属于平原大田景观。建设重点区域包括农田内部及周边道路两侧、沟渠和边坡。

（二）山区田园景观

位于山区的梯田、坡地和平坦的块状农田，属于山区田园景观。重点建设区域包括坡地、梯田和平坦块状农田等农田内部及其周边的人造林裸露地。

（三）设施园区景观

果蔬生产设施园区、观光采摘设施园区，属于设施园区景

观。建设重点区域包括棚室间的闲置地、行道两侧、边角地和
林下裸露地等。

三、选择适宜的农田生态景观技术

(一) 平原大田景观

应构建"田成形、树成景、地力均、无裸露、无撂荒、无
闲置"的整齐一致兼有多样性的田园式景观。平原大田生态景
观技术包括农田缓冲带工程、农田景观道路工程、防护林生态
工程、坡面防护工程和裸露地覆盖工程。

以生产为主的田块,宜种植粮经作物,田块周边应设立缓
冲带,提高农田生态系统的生物多样性,同时合理安排茬口形
成周年覆盖。以观赏为主的田块,宜种植花卉作物,通过斑块、
条带、图案等种植方式提升田块的观赏价值,在边角地种植谷
类为鸟类提供食物,提高生态系统生物多样性。

(二) 设施园区景观

应构建布局合理、景观生态、无裸露、无闲置的设施园区
景观。温室大棚统一设计,布局合理。温室墙体宜选择低纯度、
高明度的色彩,与整体景观相协调。

设施园区生态景观技术包括农田景观道路工程和裸露地覆
盖工程。裸露地覆盖包括棚档周围和道路两侧裸露地。

以生产为主的设施园区,宜种植露地蔬菜等具有经济价值、
轻简省工、粗放管理的覆盖植物。以观光采摘为主的园区,宜
种植多年生、景观效果较好的覆盖植物。

(三) 山区田园景观

应提前做好山区"产业—景观—生态"一体化规划,营造
与周围自然山水和谐统一的农田景观。山区田园生态景观技术

包括农田缓冲带工程、坡面防护工程和裸露地覆盖工程。

在山区田园宜选择种植耐旱、耐贫瘠、富有乡土气息的作物种类。以生产为主的农田宜选择种植玉米、向日葵及杂粮杂豆等传统粮经作物，体现乡村风貌。以乡村旅游为主的农田宜选择高观赏价值的乡土花卉作物，形成色块，打造节点，营造色彩丰富、特色鲜明的景观风貌。

第二节　农田生态景观设计案例

一、平原大田景观设计案例——顺义区赵全营镇万亩方

（一）场地分析

顺义区赵全营镇万亩方现代农业项目设施质量高，喷灌等节水设施全覆盖。农田周边道路为砂石路，两侧栽植行道树，乔灌搭配种植，但部分区域有断带。沟渠、边坡地表裸露。

（二）总体定位

从传统大田种植转型发展休闲农业，优化整体景观，丰富视觉色彩。

（三）工程技术筛选

针对项目区主要生态问题，筛选出防护林修复工程和生态沟渠建设工程两类生态景观工程技术。

1.防护林修复工程

在农田或其他保护区的周围，种植一行或多行呈线性排列的乔木和灌木。尽量选择本土物种，避免选择入侵物种和扩散性的物种；考虑防护林物种对作物生长的不利影响，如遮光、相生相克、根系竞争等，避免选择病虫害的寄主植物；考虑野生生物和传粉生物的生存需要；考虑选择常绿或开花树种，提

高美学价值。

种植时，尽量完善和丰富防护林带的乔、灌、草垂直结构，在乔木下补植灌木和草本植物，更新死亡的树木，并对乔、灌木进行修剪，保证防护林的长势。

（1）草本修复

种植草本植物，完善防护林的乔、灌、草结构，增强生境的连通性。植物配置方案为紫花地丁、苔草。

（2）灌草修复

断带部分补植灌木，修复连通性。植物配置方案为胡枝子+野牛草。

2.生态沟渠建设工程

对田边沟渠进行植草砖铺设、草本植被覆盖等非硬化处理。选择一年生或多年生草本植物；选择根系发达、固土能力强、对农业污染耐受力强的植物，选择的植物不能成为农田作物病害的宿主；选择能为害虫天敌提供栖息地的植物，并点缀开花植物提高授粉功能。

种植前需要对恶性杂草进行清除，对植草砖进行修复，草本植物种植保证一定密度；种植后及时管护，包括除草、修剪等，保证植物正常生长，同时防止植物疯长，影响沟渠功能和景观效果。

植物配置方案：水土涵养模式为毛地黄+车前+抱茎苦荬菜，污染防治模式为千屈菜+求米草+泥胡菜，吸引天敌模式为匍匐委陵菜+绒毛草+鸭茅，授粉提升模式为蛇莓+野甘菊+紫花地丁。

二、山区田园景观设计案例——房山区天开花海

（一）场地分析

房山区天开花海项目共有24种景观类型，以耕地、林地、

边坡为主。园区田块形状自然，道路蜿蜒曲折，地形起伏多变。园区东部主要为观赏区，以种植油菜等开花作物为主，西部则以玉米、小麦田及林地为主。在耕地方面，田块形状自然，内外半自然生境丰富；在林地方面，林地结构成分单一，树种多为杨树、松树；在边坡方面，坡度陡，欠管理，多有植被覆盖，但分布较混乱；在道路方面，极少硬化，管理水平较低。

综合概括项目区的特点，主要有：景观开阔，地形丰富，植被提升潜力大；道路等基础设施质量较差；休闲游憩功能开发空间较大。

主要问题有：地形较为复杂，坡地较多，地表径流无序导致水土流失问题；道路质量较差，多为裸露土地，导致土壤风蚀、扬尘问题；植物生长杂乱，裸露地和荒草地较多，导致植被结构不合理、生境缺乏连通性；部分农田无边界，冬季农田裸露，导致扬尘、水土流失等问题。

（二）总体定位

提升土地生态服务功能，构建田园野趣景观。重点提升水土涵养功能、病虫害防治功能、生境功能、生物多样性保护功能、授粉功能、美景功能等。

（三）重点区域

以古塔为核心打造植物景观。以古塔景点为核心，兼顾从公路上俯瞰园区的景观效果，重点进行田块景观提升，营造带状和斑块状的植物群落，提高景观的丰富度。围绕游览道路打造大田景观。以入园后的主要游览路为重点，开展道路整治，同时进行大田景观提升，提高景观开阔度，制造入园后的视觉冲击。

（四）技术工程筛选

针对项目区快土地利用类型、主要生态环境问题以及各项工程的景观提升效果，筛选出道路和边坡整治工程、大田景观提升工程和植被景观优化工程3类生态景观技术工程。

1.道路和边坡整治工程

重点打造一条主要游览线路，对其路面进行土地平整、路面覆盖改善、抑尘处理等路况优化措施，并对道路周边的起伏地形进行边坡维护、植物种植，打造环境友好、曲径通幽的休闲景观道路。

（1）未硬化路面抑尘与休闲步道

道路的设计应当与周边景观相协调；田间道路应满足种植、收获等农业活动的需要；满足休闲旅游需要的同时应当注重减小对周围植物等野生生物的影响；在穿越低洼地带、土壤潮湿地段、汇水区时应适当垫高路面，远离积水高度。

道路现状为未硬化路面，有利于雨水下渗与生物多样性的维持，但是容易产生扬尘，较低的平整度会影响生产管理和游览。可采取生态透水路面、泥结石路面、碎石路面、路面植草等非硬化措施建设休闲步道。

（2）过滤带

植物选择以多年生草本植物为主，选择固土能力强、能够承受泥沙掩埋、能够承受除草剂的使用、生长速度快和易成活的当地物种。场地准备时要填平沟壑、清理沉积物、翻松土壤，避免压实，清理疯长的杂草。种植时，草本植物可以采用混播种植，保证密集（植株间距小于10cm），种植的宽度为2m，在地势较低的下坡处增加宽度2～5m。在坑塘周边坡地种植植被过滤带，应选用靠近地面、根系发达、污染物和沉积物耐受力强的多年生草本植物和灌木。软化坑塘岸线，在保持水土、过滤污染物的同时，形成水景与农田景观的过渡。植物配置为连翘＋丁香—千屈菜＋野甘菊和委陵菜＋狗牙根—栾树。

（3）植物篱种植

选择多年生的本土灌木、木本植物和丛生、茎直立的多年生草本植物，在冬季应保证1m左右的平均株高；至少选择2种可以兼容的本土物种；选择无扩散性的开花或常绿灌木。

种植时，适当保留天然灌木和小型乔、灌木组合，但对竞争性植物要进行控制，适当清除有害的杂草和灌木；植物篱平均宽度1～2m，保证一定的种植密度和植株高度；沿土地的自然轮廓种植蜿蜒的条带，产生自然的外观。

植物配置为荆条＋锦带（景观植物篱），景天三七（护坡矮植物篱），金银花—红蓼＋泥胡菜（护坡灌木植物篱），野花组合（护坡草本植物篱），蓖麻＋爬山虎（公路路堤植物篱）。

2.大田景观提升工程

针对大面积的耕地、花田进行景观提升，调整作物种植的空间布局，在田块中增加草本植物带、栖息地斑块，在农田边界种植草本或灌木植物带，推广冬季作物覆盖技术。

（1）带状种植

系统安排带状种植可减少水土流失和风蚀。一个田块中应包含两个或以上的条带；相邻条带的边界应当尽量相互平行；条带的设置应当尽量符合等高线，或是顺应地形起伏；条带的宽度应当符合农业机械的宽度；条带中作物的选择可以包括牧草、豆科植物、谷物等。

（2）作物覆盖

在主要作物收获后，种植禾本科、豆科作物或牧草覆盖耕地，可减少水土流失、空气颗粒物污染，改善土壤养分，防止土壤板结。根据当地耕作习惯进行作物种植，作物选择要符合现有的种植制度，避免对后茬作物的不良影响；选择禾本科和豆科作物混播起到固氮作用；选择对杂草有抑制作用或者与杂草竞争的作物；选择根系发达的作物改善土壤性质；覆盖作物可以作为绿肥，或是将残留物留在田间，禁止焚烧残留物。

（3）草本风障

在田块间垂直风向种植草带或非木本植物带。可选择一年生或多年生草本植物，如能够适应当地环境的本土物种，植株强度高、直立、抗倒伏，叶片不易脱落，与相邻作物的竞争小，没有容易扩散蔓延的习性，能够耐受土壤沉积覆盖。不能使用害虫的寄主植物。种植平均宽度为1m，保证双行或多行种植，种植密度不宜过高，保证一定的孔隙度，利于减缓风速。植物配置包括授粉提升模式亚麻+百日菊和害虫控制模式西洋蓍草。

（4）农田边界建设

在田块边缘或周围种植草本植物、豆科作物或灌木植物，能起到减少土壤侵蚀、美化环境、控制病虫害的功效。选择根系发达、硬梗、直立、固土能力强、不会成为农田作物病害宿主的植物；选择能够引诱害虫远离作物的植物，如苜蓿等；或选择能为害虫天敌提供栖息地的植物；选择豆科植物，提高土壤质量。种植时要求农田边界平均种植宽度为1m，保证中到高度的密集种植；农田边界种植的安排应适应农业机械的工作。植物配置包括早熟禾+高羊茅+黑麦草，八棱海棠，胡枝子—多年生黑麦草+一年生早花野花组合。

（5）生物岛屿建设

在农田中建设生物岛屿，其中生长的当地物种具有较强的保护天敌和传粉（昆虫）的功能。生物岛屿是重要的物种库，是保护天敌的重要生态区域。建设时，对农田现有的撂荒斑块进行一定的整理，拔出恶性杂草，种植乡土灌木和草本。植物配置方案为绣线菊—青葙+原生植物。

（6）等高缓冲带

沿等高线或沿边坡坡面种植植被缓冲带。以多年生草本植物为主，大多选用禾本科和豆科作物混播，草本植物占50%以上，适当保留原生杂草提高生物多样性；搭配适合当地环境、易成活的低矮灌木。密集种植，保证覆盖率在95%以上，草本植物应达到30株/m²以上；适当进行地面平整防止形成洼地；保证缓冲带与农田条带平行；种植宽度平均为2m。植物配置方案为迎春+绣线菊，胡枝子，锦带，野花组合及锦带+胡枝子－野甘菊。

3.植被景观优化工程

（1）演替生境开发与管理

控制植物演替，开发和维护演替初期的栖息地。调整天然植被的物种组成、密度、结构等，清除有害杂草和入侵物种，保护有益于传粉的昆虫、害虫天敌、鸟类等野生生物生存的草本植物与豆科作物；适当使用翻耕、除草等措施，保证人工种植的植物存活；选择适应性强、易成活的本土物种进行种植。植物配置方案为柠条+紫花苜蓿和山杏+碧桃+波斯菊。

（2）关键区域种植

在水土流失风险较高、受人类活动影响剧烈、需要额外管护的地区种植植物。植物配置方案为丁香－沙打旺与野花组合。

（3）汇水区覆草

在地表汇水区覆盖适当的植被，改善污染和水土流失状况。选取多年生、茎秆较硬的草本植物，保证稳定性；选取中等高度或较高的禾草，提供生物生境；选取豆科植物和野花等，增加传粉机会；选取易成活、生长速度快的物种，密集种植，保证快速形成能够发挥作用的植被密度和规模。种植时清除有害杂草，在干旱时期补充灌溉促进植物生长。植物配置方案为细叶鸢尾+狗牙根+委陵菜。

（4）安装巢箱

在树上安装为鸟类、蜜蜂提供栖息环境的巢箱。鸟类巢箱为一个圆形入口的木质巢箱，可为穴巢鸟类提供更合适的生存环境。蜜蜂巢箱包括芦苇制、木质或纸制的蜜蜂巢箱，有利于扩大农田蜜蜂种群扩大。

三、设施园区景观设计案例
——昌平区田园盛业农业专业合作社

(一)场地分析

昌平区田园盛业农业专业合作社农业元素丰富,如种植宝塔菜、油用牡丹等特色作物,设施草莓的生产,饲养小动物等。园区还建有一系列的休闲配套设施,如垂钓区、儿童游乐设施、科普活动棚、住宿和培训楼等。但是整体分区不明确,杂物堆放较多,景观凌乱,硬化面积较大。

(二)总体定位

营造绿色的设施环境、彩色的休闲环境和亲和的科普环境。

(三)功能区设计

根据园区现有设施和目标功能,将园区分为科普动物区、农事体验区、餐饮区、设施生产区、儿童游乐区和会议培训区。重点建设区域及相应工作重点包括引导路两侧景观美化和各功能区的整理提升。

1.引导路
道路两侧种植高秆开花植物,如红蓖麻等,遮挡周围影响景观的棚室;葡萄廊架补充种植紫藤、藤本月季,提升景观效果。

2.科普动物园
进行环境管理,并以花箱或旧轮胎种植矮生的开花植物,悬挂于动物园围栏上。

3.农事体验区
边角地种植三叶草、道路组合、石竹等进行生态覆盖;池塘围栏种植藤本月季进行遮挡;动物园南部闲置地种植不同品种的花生,用于采挖体验和煮花生等休闲活动。

4.设施生产区

清理废弃废物；粉刷和美化棚室外墙，使之符合园区的功能定位；棚档空地和边角地种植生产型或观赏型植物进行覆盖。

5.儿童游乐区

清理废弃物；刈割草坪，修复原有草坪；道路两侧种植野花组合，进行美化；边角地丛植玉簪、射干、芍药、千屈菜等药用植物，并悬挂科普标识牌，用于科普教育。

第五章

农田景观构建技术

　　基于多年的农田景观建设经验，本章将北京地区常用的农田景观构建技术概括为季相搭配技术、色彩搭配技术、轻简栽培技术、立体景观技术和创意景观技术。各项技术组合使用，有助于营造出多彩、省工、有创意的农田景观。

第一节　季相搭配技术

　　季相搭配技术在不同季节种植不同景观作物营造不同的农田景观，例如春油菜＋油葵营造一年两季大田景观。以下分别介绍北京地区春季、夏季、秋季开花的常用农田景观作物及其栽培技术，可根据需求进行花期的搭配，形成季相搭配丰富的景观效果。

　　例如房山区天开花海2017年利用季相搭配技术，通过春播油菜和移栽早花球宿根花卉，夏播油葵和多种花卉作物，形成春季油菜花海、夏季多彩花田、秋季菊香满园的三季景观；利用色彩搭配原理在条形地块利用间套作技术，通过郁金香＋小麦间作、百日草＋地被菊套作营造出持续7个月的"彩虹花田"；同时利用冬小麦和冬油菜开展创意景观营造，在景观田里"种"出了二维码、大黄鸭和小熊图案，站在高处向油菜花田望去，这些造型图案栩栩如生、充满趣味，扫描二维码还可以购买京郊的农产品。

一、春季景观作物

（一）油菜

油菜作为一种兼具观赏和油用的作物，在我国广泛种植。2018年北京郊区油菜景观种植面积1.33万亩[①]，达到历史新高，覆盖全市11个区。北京地区油菜种植可分为3种类型：一是生态型，以春季覆盖为主要目的，成方连片种植，形成规模花海景观，花期后即以绿肥的形式还田；二是籽粒型，营造景观的同时收获籽粒，用于留种或榨油；三是休闲型，与休闲农业结合度较高，配套观光体验活动。各地油菜种植以休闲型为主。

北京油菜花单茬观赏期为30天左右，但通过冬油菜+春油菜以及春油菜错期播种技术，可以有效延长观赏期。以丰台区卢沟桥乡紫谷伊甸园为例，2015年9月16日冬、春油菜混播，2015年秋季春油菜开放，2016年冬油菜花期为4月8日至5月2日；春油菜错期，分别于2016年3月13日、3月30日和4月16日播种，整体花期从4月23日持续至6月初。以大兴区礼贤镇千亩油菜花田为例，2018年9月上旬进行冬、春油菜混播，春油菜于当年10月开放，冬油菜花期自2019年4月9日至5月5日；春油菜于2019年4月15日、4月25日分期播种，花期自5月16日持续至6月上旬。

近年来，北京市油菜产业发展达到了新高度。一是各区发展模式自成特色。如大兴北部近城区景观以服务市民发展休闲为主，南部以服务新机场发展景观生态覆盖为主；顺义以发展休闲农业、带动民俗发展为主；房山利用自然地形，以发展蜿蜒起伏的油菜景观为主。二是形成一批大规模的油菜景观田。大兴区礼贤镇、顺义区天竺楼台村、顺义区木林茶棚村、平谷区金海湖小东沟村、海淀区上庄等地油菜种植面积都超过1 000

① 亩为非法定计量单位，1亩≈667m²。——编者注

亩。三是油菜景观盈利模式迎来农旅结合、三产融合的新局面。内涵比以往更加丰富，通过油菜田二维码广告、大黄鸭造型等图案种植，拓宽油菜景观增收渠道，为普通景观田种植增加了广告和门票收入。房山天开花海围绕油菜景观2018年举办了油菜花节，包括花田农夫市集、花田喜事、现代农机展示、花田印象表演、稻草艺术展等活动，约吸引游客6万人次，门票收入60万元；顺义区兴农天力农业园2018年举办了顺义首届醉美油菜花节，融合现代农机展示、创意景观小品、优质农产品展销、田园蔬菜采摘、特色美食小吃、儿童主题乐园等亮点元素，累计接待25万人次，门票、采摘、农产品销售、餐饮、体验等综合收入达297.4万元（图5-1）。

图5-1　油　菜

1.冬油菜景观栽培技术

品种选择：选择抗寒性强的强冬性品种。一般以陇油6号、陇油7号等超强抗寒品种为主栽品种。

选地整地：冬油菜适应性较强，对土壤要求不严格，但以土层较厚、肥沃、疏松的土壤为宜。油菜种子小，幼芽顶土力弱，播前要精细整地。

合理施肥：有条件的地方应多施农家肥，一般每亩施4 000～5 000kg；化肥一般每亩施磷肥5～6kg，纯氮10～14kg，氮肥的40%在抽薹期追施。蕾薹期可喷施硼肥，防止花而不实。

播种定植：冬油菜以9月上旬播种为宜，墒情不足的地块在播前7 ~ 10天浇足底墒水，亩播种量为0.3 ~ 0.5kg。出苗后2 ~ 3片叶间苗，4 ~ 5片叶时定苗。定苗要求行距20cm，株距5 ~ 10cm。

田间管理：11月底灌越冬水，次年4月上旬浇返青水并每亩追施尿素15kg。初花期灌水，保证花期长度。有条件的可在初花期、盛花期和末花期各浇一水，有助于花期延长。油菜在抽薹开花后很容易发生蚜虫和潜叶蝇，应注意尽早防治。

适期收获：北京地区一般5月底至6月初收获，当全田70%的角果呈蜡黄色时应及时收获。为防止收获时裂角掉粒，应选择上午或阴天收获。收获后晾晒3 ~ 5天即可脱粒，籽粒晾干后入仓。

2.春油菜景观栽培技术

品种选择：可选择春性强的武威小油菜、天祝小油菜等品种，也可以选择双低杂交春油菜品种。南方的早熟冬油菜品种也可在北京地区正常开花结实。

选地整地：春油菜适应性较强，对土壤要求不严格，但以土层较厚、肥沃、疏松的土壤为宜。油菜种子小，幼芽顶土力弱，播前要精细整地。

合理施肥：播前将有机肥每亩2 000 ~ 3 000kg耕翻入地，同时用播种机深施化肥做底肥，一般每亩施磷酸二铵4 ~ 5kg、尿素1 ~ 2kg。

播种定植：日平均气温稳定在2 ~ 3℃、土壤解冻5 ~ 6cm即可播种。一般播期为3月初至4月底。播种深度2 ~ 3cm，行距15 ~ 30cm，每亩播种量为0.4 ~ 0.5kg。4 ~ 5叶期时及时中耕除草、定苗，株距3cm，保苗密度每亩6万 ~ 7万株。

田间管理：视长势和墒情，一般灌水2次，分别为抽薹后开花前和开花后期，有条件的可在初花期、盛花期和终花期各浇一水。蕾薹期结合灌溉或下雨前每亩追施尿素6 ~ 8kg。开花后注意防治蚜虫和潜叶蝇。

适期收获：当油菜全株2/3以上角果呈枇杷黄色，即全田80%成熟时收割，以免造成裂角损失。割后进行打堆，促进油菜籽充分后熟，提高千粒重和含油量。

（二）其他植物

为了丰富北京地区早春油菜农田景观，北京市农业技术推广站2017年开始引进种植早春开花品种，分别在房山区娄子水、天开花海和顺义区大孙各庄进行试种，主要品种有蓝香芥（图5-2）、板蓝根、蓝亚麻（图5-3）、冰岛虞美人、花菱草等，增添了蓝、橘、红、白、粉、紫等颜色，花期可持续至5月底。2018年扩大了示范面积，在延庆区南山健源、顺义区顺沿特菜基地、大兴区魏善庄镇、房山区娄子水村、房山区天开花海等地进行种植，取得了较好的景观效果。此外，一些观赏和药用兼具的中药材也可以作为春季农田景观营造的植物种类，例如芍药、牡丹、连翘、欧李等，花期一般都在3～5月。

图5-2　蓝香芥

图5-3　蓝亚麻

二、夏季景观作物

（一）向日葵

可用于夏季景观营造的植物种类比较多，北京地区常用的大田作物如向日葵。利用向日葵打造大田景观，不仅可以提升农田景观效果，还可以开发多种旅游产品出售，包括葵盘、葵花籽、葵花籽油、切花、盆栽产品等，将经济和景观的双重效益与北京市特有的山区风景结合起来，形成以向日葵景观种植为亮点的立体经济发展模式，充分带动当地农村旅游，促进其他山货销售的立体、多渠道增收体系。图5-4为油葵，图5-5为食葵。

图5-4　油　葵

图5-5　食　葵

1.油葵景观种植技术

选地整地：向日葵对土壤的适应性很强，一般pH在5.5～8.5，重黏土到轻砂质土，有机质含量从1%～10%的土壤都可种植，但仍以在土层深厚、腐殖质含量高、结构好、保水保肥强的黑钙土、黑土及肥沃的冲积土上栽培更为适宜。向日葵不能重茬、迎茬，在没有列当寄生的地区，也要实行4～5年轮作。禾本科作物是向日葵的良好前作。向日葵播前宜深翻，耕翻深度以20～25cm为宜。

合理施肥：基肥以有机肥为主，配合施用化肥。每亩施入腐熟、发酵的有机肥2 000～3 000kg，化肥一般每亩施尿素20kg、磷酸二铵20kg、硫酸钾15kg做底肥。

播种定植：北京地区油葵在6月25日至7月15日播种，以每亩3 500～4 000株为宜。

田间管理：出苗后及时查苗，做好定苗和补苗，每穴确保只留1苗。向日葵苗期生长缓慢，应做好中耕除草工作。现蕾期每亩追施尿素5～10kg，磷酸二铵10 kg。向日葵在北京地区以旱作为主，在雨季播种，生育期内基本不用灌溉，依靠雨水即可满足生长发育所需水分。向日葵病虫害发生率较低，主要病害为白粉病、黑斑病、细菌性叶斑病、锈病（盛行于高湿期）和茎腐病。危害向日葵的害虫有蚜虫、盲蝽、红蜘蛛和金龟子等。注意针对病虫害进行综合防控。

适期收获：当花盘背面发黄，茎秆黄色，舌状花脱落，种子壳坚硬即可收获。油用向日葵含水量要降到7%，才能安全贮藏。

2. 食葵景观种植技术

选地：一是种植地快要具有一定的规模，以利于景观形成；二是以土层深厚、腐殖质含量高且pH为6～8的砂壤土或壤土地块为好；三是地块的选择排除低洼易涝地块；四是种植地周边应有其他的一些自然或民俗资源，同时具备一定的民俗旅游接待能力。

整地施肥：播种前施足底肥，并做到有机肥和无机肥结合。每亩施入腐熟、发酵的有机肥2 000～3 000kg，施磷酸二铵10kg、尿素7.5kg和硫酸钾7.5kg。

品种选择：选择抗病性、丰产性和观赏性均较好的食用向日葵品种。适宜北京山区沟域种植的食用向日葵品种有

LD5009、LD9091、PH1121、X3939等。

种子质量：选用符合《经济作物种子　第2部分：油料类》（GB 4407.2）的向日葵种子，种子饱满，纯度在99%以上，净度要求在98%以上，发芽率在85%以上，含水量低于9.0%。

播期：适宜的播期为6月18日至7月8日。

种植密度：根据品种植株形态，定植密度在每亩1 000～2 200株，行距70～80cm，株距40～80cm。也可采用大小行方式种植。

播种方法：播种深度以4～5cm为宜，每穴下种2粒，播行端直，覆土严密，压实，深浅一致，下籽均匀，无浮籽、漏籽。

查苗补苗：出苗后要及时查苗补缺，缺苗较长的地段要进行人工催芽补种，缺苗较短的地段要就近留双苗。

间苗、定苗：1～2对真叶间苗，2～3对真叶时定苗。

中耕除草：向日葵苗期生长缓慢，应做好中耕除草工作。

辅助授粉：在蜂源不足的时候，还要进行人工辅助授粉，授粉时间每天上午10时左右（上午9—11时），一般可授粉2～3次。

病害虫防治：当气温达到18～20℃时，每亩用五氯硝基苯2～3kg，加湿润的细砂土10～15.3kg，拌匀后撒在向日葵的地面上，抑制菌核病的萌发，15天后再撒一次药。授粉灌浆期易受向日葵螟侵害，可在幼虫发生期喷洒90%敌百虫500倍液，防治2～3次。

收获：灌浆后期，即可进行鲜食葵盘的采摘；如采收葵花籽，当植株茎秆变黄，中上部叶片为淡黄色，花盘背面为黄褐色，舌状花干枯或脱落，果皮坚硬时即可收获。北京地区收获时间一般在9月中下旬。

（二）黄芩

2013—2015年北京市黄芩种植面积在3万～4万亩。黄芩根是大宗用药，其幼嫩的茎叶可制作特色保健茶饮——黄芩茶，而且黄芩株型多样，花朵形状独特，色彩艳丽且花期长，能满足人们对新、奇、特观赏植物的需求，可供游客7—10月赏黄芩花、摘黄芩叶、户外写生和婚纱摄影；配合黄芩加工基地，游客更可以游览茶文化博物馆、体验黄芩茶加工、品特色茶饮、山林养生和休闲度假（图5-6）。

图5-6　黄　芩

　　选地与整地：黄芩性喜温暖、光照充足。成年植株能忍耐-30℃低温，耐干旱瘠薄，在荒山灌木丛中均能正常生长。但怕水涝、忌连作。宜选择排水良好、光照充足、土层深厚、富含腐殖质的淡栗钙土或砂质壤土地块，也可在幼龄果树行间以及退耕还林地的树间种植，但不适宜在枝叶茂密、光照不足的林间栽培。黄芩的林间种植可以有效减少山坡地和砂质土地的水土流失。在种植前施足基肥，每亩施优质腐熟农家肥2 000kg，之后深耕土地25～30cm，耙细耙平，做成平畦备播，一般畦宽1.2m。

　　种子繁殖：种子直播的播期根据当地条件适当掌握，以能达到苗全苗壮为目的。春播在4—5月，夏播一般在6—8月，也可在11月冬播，以春播产量最高。无灌溉条件的地方，应在雨季播种。黄芩一般采用条播，按行距30～35cm开2～3cm深的浅沟，将种子均匀播入沟内，覆土0.5～1cm，播后轻轻镇压。每亩播种量1.5～2kg，因种子细小，为避免播种不匀，播种时可掺5～10倍细沙或小米混匀后播种。如土壤湿度适中，15天左右即可出苗。

间苗：幼苗长到4cm高时，间去过密和瘦弱的小苗，按株距10cm定苗。育苗的不必间苗，但须加强管理，除去杂草。干旱时还须浇清粪水，在幼苗长至8～12cm高时，选择阴天将苗移栽至田中。定植行距为35cm、株距10cm，移栽后及时浇水，以确保成活。

中耕除草：第一次除草一般在5月中下旬，结合中耕拔除田间杂草，中耕要浅，以免损伤黄芩幼苗；第二次除草一般在6月中下旬追肥前，中耕不要太深，结合间苗把草除净；第三次除草一般在7月中下旬，此时要拔除田间杂草，并进行深中耕。

追肥：苗高10～15cm时，每亩用人畜粪水1 500～2 000kg追肥1次，助苗生长。6月底至7月初，亩追施过磷酸钙20kg、尿素5kg，在行间开沟施下，覆土后浇水1次。第二年返青后于行间开沟，每亩施腐熟厩肥2 000kg、过磷酸钙50kg、尿素10kg、草木灰150kg或氯化钾16kg，然后覆土盖平。

灌溉排水：黄芩一般不需浇水，但如遇持续干旱要适当浇水。黄芩怕涝，雨季要及时排除田间积水，以免烂根死苗，降低产量和品质。

摘除花蕾：在抽出花序前，将花梗剪掉，减少养分消耗，促使根系生长，提高产量。

留种技术：留种田在开花前每亩追施过磷酸钙50kg、氯化钾肥16kg，促进黄芩开花旺盛、籽粒饱满，花期注意浇水、防止干旱。黄芩花果期较长，7—9月共3个月，且成熟时间不一致，极易脱落。当大部分蒴果由绿变黄时，边成熟边采收，也可连果剪下，晒干打出种子，除去杂质，置干燥阴凉处保存。

采收：黄芩种植2～3年后收获，经研究测定，最佳采收期应是3年后。秋季地上部分枯萎之后，此时商品根产量及主要有效成分黄芩苷的含量均较高。在秋后茎叶枯黄时，选晴天采收，生产上多采用机械起收，也可人工起收。因黄芩主根深长，挖时要深挖起净，挖全根，避免伤根和断根，去净残茎和泥土。

初加工：起收后运回晾晒场，去除杂质和芦头，晒到半干时，放到筐里或水泥地上，用鞋底揉擦，撞掉老皮，使根呈现棕黄色，然后继续晾晒，直到全干。在晾晒过程中，不要曝晒，否则根系发红，同时防止雨淋和水洗，不然根条会发绿变黑，影响质量。加工场地环境和工具应符合卫生要求，晒场预先清洗干净，远离公路，防止粉尘污染，同时要备有防雨、防家禽设备。

（三）草花

草花品种多，色彩多，对土壤的要求不严格，在很大程度上能满足植物造景中色彩变化的要求，是营造夏季景观的一类重要植物。如可用马鞭草、鼠尾草形成紫色花海，用硫华菊形成橙色花海，用千日红形成红色花海，用波斯菊、百日草形成多彩花海等（图5-7至图5-10）。下面以百日草为例，介绍一下百日草的种植过程。

选地整理：百日草露地种植应选择无遮挡物、阳光直射、

图5-7 马鞭草

图5-8 硫华菊

图5-9　波斯菊　　　　　　　　　　图5-10　百日草

地力适中、排水通风良好的地块，荫蔽、窝风环境会造成植株长势不良，难以开花等情况，影响景观效果。土地整理一般在当年春季土壤解冻后（北京山区5月上旬）整地，土地的整理与普通农作物种植方法相同，每亩施腐熟有机肥（如鸡粪、牛粪等）3 000～5 000kg及复合肥50kg，均匀撒在地块中。用旋耕机旋耕，深度25～30cm，使有机肥与土充分混合，做到深、平、细、均，防止大土块出现。

　　播种：北京地区露地种植百日草一般采用直播方式。播期可从5月上旬持续到8月中旬，以人工开沟条播为主，采用行距50cm直播，每亩下种量1.5～1.8kg为宜。随着北京景观作物栽培水平和景观效果要求的提高，目前百日草种植已经逐步开始向育苗移栽方向发展。与直播相比，百日草育苗移栽可实现花期提早1个月左右，百日草多集中在3月底至4月初开始育苗，在5月中旬至6月中旬移栽，可有效避免霜冻，苗龄40天左右。定植多采用两密一稀方式种植，大垄距100cm，小垄距50cm，株距控制在35～40cm。北京地区基本实现机械化定植，可采用改良式烟草移栽机，作业时1个拖拉机手、3个种植人员和1个扶苗补苗人员组成一个作业组进行定植。移栽机设置行距50cm，栽植深度12～15cm为宜，提前灌好水箱随栽做底水。定植后，扶苗补苗人员应及时对栽歪、压折、缺苗等情况进行处理，并对苗周未充分压实的土壤进行镇压。

田间管理：百日草生长较旺盛，生长前期需要进行1～2次中耕除草。中耕不宜过深，第一次在定植后15～25天，第二次在7月上旬。为了促进百日草多开花，延长花期，应在顶花现蕾时进行摘心。百日草耐土壤贫瘠和干旱，管理相对粗放，但忌水涝，雨季要注意排涝。百日草进入现蕾期可结合打药追施2～3次500倍磷酸二氢钾叶面肥。一般定植时灌1次透水，可平稳进入雨季，如遇特别干旱季节应及时浇水。

病虫害防治：百日草病虫害较少，应以预防为主，综合防治。育苗前应注意对土壤进行消毒处理，苗期应进行2～3次抗菌剂喷施，可使用代森锰锌、甲基硫菌灵、百菌清等抗菌剂。定植后应在缓苗摘心后开始进行常规打药工作，以代森锰锌、甲基硫菌灵、百菌清等常规杀菌剂为主，同时配合打药追施磷酸二氢钾叶面肥。生长前期应注意防治蚜虫，以喷施吡虫啉为主，防止其传播病毒病。

采收：百日草常规种子可以留种，但一片地里种植的不同品种容易传粉混杂，视种植目的可设置隔离区种植。采收时采最早开花的花头，其种子比较饱满。一般在霜后花头变色、种子黑褐时整个花苞采下，进行晾晒、揉捻、筛簸、储存。

三、秋季景观作物

（一）功能型菊花

功能型菊花是指具有观赏功能的同时，兼具茶用、食用、药用等功能的菊花类型。功能型菊花景观高效栽培模式是指集成集约化育苗、机械化移栽、景观营造等技术的功能型菊花栽培模式。与传统粗放型菊花种植模式相比具有轻简省工、环境友好、景观优美等优势。茶用型及食用型功能菊花营养丰富，富含蛋白质、氨基酸、胡萝卜素、叶酸、钙等人体所需营养物质；同时含有较高的总黄酮和绿原酸两类有益健康的成分。制茶饮用或食用具有养肝明目、清热解毒等功效。茶用菊可以采未完全开放的花蕾或刚开放的花朵制茶，少量可采用阴干法，大量生产一般采用微波烘干技术、静态烘干技术等。菊花在我国有着悠久的药、食、茶兼用历史，可结合现代食品加工技术开发多种产品，加用于制茶、制酒、制糕点等，同时菊花可以直接食用，凉拌、涮锅、煲汤或作馅料均可，也是作盘花装饰的安全材料。

菊花是我国传统的四大名花之一，同时也是北京市市花，在北京地区具有悠久的栽培历史。功能型菊花是近年来涌现出的一类具有产业化融合潜能的菊花类型，目前北京市主栽品种有玉台1号、中农杏芳、中农吉庆，见图5-11。

图5-11 功能型菊花

功能型菊花景观高效栽培的模式中涉及的三项技术介绍如下。

1.集约化育苗技术

北京地区建议采用分级采穗圃育苗方法进行扦插繁殖，一般11月上旬进行母株储存，建立一级母穗圃，次年1月中旬开始进行第一次扦插，建立二级母穗圃，以此作为最终产穗母株养护，成品苗的扦插育苗时间一般多集中在3月下旬至4月中旬。扦插基质采用泥炭和蛭石的混合基质（泥炭和蛭石的体积比≥75%即可）。采用12cm规格插穗，采穗后去除下部叶，插入基质一节以上以便生根，扦插时统一蘸生根剂（可用ABT、IBA等，按药剂说明书使用）。使用穴盘育苗，采用72穴或105穴穴盘。建议使用育苗床及悬挂式移动喷雾器，根据环境温湿度控制浇水次数，前期每日2～3次，生根后每天一次或两天一次，40天左右可出圃。

2.机械化移栽技术

移栽定植前应对地块进行1次精细旋耕，耕深30～40cm，去除大石块，尽量达到平整均匀的效果。移栽机型建议选用可以实现覆膜和移栽的一体化集成操作机型（如2ZBX—2型移栽机），两垄中心线距离设置在110cm左右，农膜可选择100～120cm幅宽的黑色地膜。按照小行距40cm，株距35～40cm设定，苗量控制在每亩3 000株左右。移栽后应及时浇一次透水，及时进行扶苗、补苗。

3.景观营造技术

功能型菊花均具有较好的观赏效果，可作规模花海种植，亦可孤植、群植、或作花境材料应用。在规模花海种植时，应注意采用条带式景观种植模式，可根据景观需求设置颜色间隔搭配或套播矮秆型硫华菊、百日草等草花，可延长整体观赏期，同时丰富景观层次。

（二）荞麦

荞麦是兼具景观和经济效益的杂粮作物，在营造农田内部景观时投入成本低、形成景观快、景观效果好。荞麦种植方式包括轮作、间作、混作和单作。荞麦作为轮作作物时，一般在春旱严重、主播作物种植失败时或前茬作物受灾后作为补种作物；荞麦也可与当地种植的马铃薯、玉米、大豆等进行间作，形成优美的条带景观。2019年在延庆等地引进右试甜荞1号、右试甜荞2号、通甜荞2号、赤甜荞1号、苏甜荞2号、六苦1501、凉山苦荞、通苦荞1号、定苦荞1号、刺荞、云荞1号和云荞3号共12个荞麦品种。初步结果表明，所有引进品种均能在北京完成生长发育，但品种长势差异较大，因此应选择合理的优良品种。见图5-12。

图5-12 荞 麦

整地播种：荞麦适应性较强，对土壤的要求不高，但在最好不要选择过于肥沃的土壤，防止植株徒长、后期倒伏。北京地区荞麦可以春播或秋播。春播一般为3月中旬至4月底。秋播要注意选择适宜的播期，北京有"三伏播荞麦"之说，一般为7月中下旬至8月上旬，过早播种时，营养生长期雨水充沛，易导致徒长和后期倒伏，也会影响结实率。以观赏为主、不求产量的地块，可根据目标观赏期和品种的生育期长短，推测播种期，适时播种。播种方式要根据具体的品种及土地情况来决定，可以选择条播、点播、撒播等方式，有条件的地区尽量使用机械化作业方式，以提高效率。北京地区荞麦播种量8kg左右，播种时和出苗期间要保证土壤墒情，确保齐苗。

田间管理：苗期要及时查苗，缺苗断垄比较严重的地块，要及时补种。根据田间杂草情况，结合中耕进行多次除草，保证植株正常生长。

收获：全株2/3籽粒成熟时，即籽粒变成褐色、灰色，呈本品种固有色泽时，及时收获。收获后要及时晾晒，脱粒后进行清选。

第二节 色彩搭配技术

色彩搭配技术，是指利用不同色彩的植物种类或品种，进行混种、条带、斑块等种植，形成五彩斑斓农田景观的技术。

一、混作技术

混作是指通过不同作物的恰当组合，提高光能和土地的利用率，在选用耐旱涝、耐瘠薄、抗性强的作物组合时，还能减轻自然灾害和病虫害的影响，达到稳产保收。它在中国大约已有2 000多年的历史。以北方旱地粮食和油料作物生产应用较多，如小麦与豌豆混作、高粱与黑豆混作、大豆与芝麻混作、棉花与芝麻或豆类混作等。由于混作会造成作物群体内部互相争夺光照和水肥，而且不便于进行田间管理，不符合高产栽培的要求，故较少采用这种种植方式，但进行农田景观建设时可以因时因地采用混作技术进行色彩搭配。

例如2018年大兴区魏善庄镇魏善庄村开展了油菜与荞麦混作，形成粉黄相间的春季花海景观。武威小油菜和粉花荞麦都属于短生育期作物，可以在短期内形成花海景观，并且管理粗放，投入成本远低于普通花海，且这两种作物都可作为绿肥作物，适合短期内快速形成农田景观。

另外，还可以利用不同色系的野花组合进行混种，可以达到色彩绚、花期长的效果。野花组合中使用的花卉大多具有野生性状，具有野生花卉强健的生态适应性和抗逆性，多色组合，景观效果很好。组合中的一年生花卉通常具有很强的自播繁衍能力，能保持多年连续开花；多年生花卉则可以常年生长开花。

自然界很少有长时间持续开花的花卉品种，但是混合了多种花卉的野花组合则能实现春、夏、秋三季开花，气候温暖的地方还可以四季开花（图5-13）。

图5-13　混作技术（野花组合）

二、条带景观

条带景观是将不同颜色的单一作物进行条带种植来构建的农田景观。北京地区种植草花近20余种，其中多数种类具有不同的颜色。例如矮牵牛花色极为丰富，有白、红、紫、蓝、黄及嵌纹、镶边等；百日草花色也极为丰富，有红、粉红、黄、紫、浅绿等。北京观光农业园区中常用不同花色的百日草作条带种植，形成条带色彩景观之中（图5-14）。也有资金实力较强的园区，选择郁金香条带景观，以红黄各色郁金香组成富有冲击力的春季景观效果。

一些花卉虽然不是同一个物种，但是植株的生活习性、植株高度、开花时期非常相近，也可以选择这类花卉进行色彩搭配形成条带景观。2018年在顺义区大孙各庄示范种植了大豆和粉色荞麦间作景观，形成粉色和绿色相间的条带。2016—2018年在密云区人间花海持续示范花卉条带景观，利用一串红、地被

图5-14　条带景观（人间花海）

菊、马鞭草、百日草等条带种植，形成观赏期长、色彩艳丽的
农田景观效果。

三、斑块景观

斑块景观是指利用不同颜色的单一作物进行块状种植来构建色彩斑斓的农田景观。例如延庆区四海镇，其品牌是"四季花海"（图5-15）。2014年延庆区四海主观景台在点片种植宿根鼠尾草、蛇鞭菊、八宝景天等宿根花卉的基础上，引进柳叶马鞭草、蓝花鼠尾草、茶菊和一串红等一年生栽培花卉，形成了色彩、花期不同的斑块。多种颜色的花卉相映成辉，有效缓解了人们对单一颜色景观的审美疲劳，同时也使观景时间从5月下旬一直持续到10月中旬，有效观赏期延长50天以上。2016—2017年在延庆区珍珠泉乡珠泉喷玉广场，以高山积雪、一串红、大丽花、地被菊、马鞭草等块状种植，形成了白、红、紫等颜色交相辉映的景观效果（图5-16）。

图5-15 斑块景观（四季花海）

图5-16 斑块景观（珍珠泉）

第三节 轻简栽培技术

轻简栽培技术利用简化田间管理技术环节达到省工、省力、

节本、增效的效果。在农田景观营造过程中常用的轻简栽培技术包括机械化、雨季播种、覆盖除草等，从而降低人工成本，有效改善农田景观效果。

一、机械化技术

（一）机械化播种

随着近年来播种农机具的引进，北京地区景观作物的机械化播种率得到了很大的提升，常用景观作物中油料和药材基本实现机械化播种。在药材方面，针对小粒种子引进了药材精播机，使其在黄芩上应用，机械作业效率每天可达到129.5亩，比人工作业效率每人每天3.9亩要快30多倍，机械作业在延庆、房山、顺义等区推广应用，其中延庆区千家店镇花盆村示范的黄芩精量播种技术，平均出苗率可达12%左右，显著优于全市平均水平（图5-17）。在油菜方面，播种机具多样，大兴区为小麦播种机直播；房山区的为小麦播种机（播种时掺沙子）和油菜小麦兼用联合播种机；海淀区为小麦播种机，播种时掺小米或煮熟的玉米碴；顺义区为白菜播种机，怀柔区为谷子播种机。其中油菜小麦兼用联合播种机的播种效率较高，可同时进行旋耕和播种，并精确控制播量在每亩0.16～0.5kg。2018年北京地区油菜机械播种覆盖率达到98.16%（图5-18）。

图5-17　黄芩机械播种　　　　　图5-18　油菜机械播种

（二）机械化移栽

花卉移栽近年来也逐步机械化，大大提高了移栽效率。以茶用菊为例，北京市农业技术推广站针对茶用菊机械化移栽的需求，初步集成了机械化移栽技术，筛选了育苗基质，逐步用专用泥碳基质全部或75％以上替代蛭石，保证移栽过程中根坨的完整性，从而实现较高的入穴成功率和缓苗成活率（图5-19）；同时引进2ZBX—2型移栽机，覆膜移栽一体式移栽机的作业效率为每分钟95苗、漏栽率23％，也可使用分体式覆膜机结合移栽机，其作业效率为每分钟66苗、漏栽率7％（图5-20）。

图5-19　茶菊育苗基质　　　　　　　图5-20　移栽覆膜机

（三）机械化收获

北京地区的常用景观作物在收获环节普遍机械化程度较低。为了进一步提高黄芩收获效率、减少人工投入，引进了大、中型黄芩收获机，其中大型收获机适合收获大田和荒山荒坡种植的黄芩，而小型收获机适合林下收获。与单铧犁和人工收获相比，采用黄芩收获机大大降低了作业成本，小型和大型收获机的收获率也分别达到了93.2％和92.5％；收获质量与人工收获也基本一样；以2013年的机械作业和人工作业市场价格计，人工收获、单铧犁收获、小型黄芩收获机和大型黄芩收获机的亩收获成本分别为350元、151元、97元和76元;采用黄芩收获机每亩可节省250元以上。另外,2017年以来还在冬油菜籽粒收获中使用小麦收获机,极大提高了油菜籽的收获效率,扩大了北京市油菜籽的收获面积。

二、雨季播种技术

向日葵及黄芩等药材在北京山区种植较多,山坡地灌溉条件有限,因此北京市农业技术推广站提出了雨季播种技术,简化播种流程、节约人力成本。其中向日葵在7月中上旬播种,不仅土壤墒情较好、有利于全苗,错后播期还有利于成熟期避开雨季、减少烂盘风险、增加产量。黄芩一般在5—8月播种,尽量提前播种可以保证产量,但是灌溉条件不方便的情况下,可选择雨季播种,播种深度2.4cm、每亩播量0.5kg时,黄芩药材的产量要明显提高。

三、轻简除草技术

(一)覆盖除草技术

人工除草是景观作物种植过程中成本最高的投入项目,也是最棘手的问题。雨季草害严重影响了景观作物的长势,导致苗小、苗弱、缺苗断垄。针对这一问题,主要采用生物降解地膜替代技术和地布一次覆盖多年除草技术。

1.生物降解地膜替代技术

生产上普遍采用地膜覆盖抑制杂草生长,但地膜使用时会产生污染,回收废旧地膜则需要耗费大量人力,因此自2016年北京市农业技术推广站开始在花生和茶用菊上引进生物降解地膜,部分替代普通地膜。结果表明,现阶段厚度8μm左右的生物降解地膜能够满足机械作业的要求，覆膜效率与PE地膜一致，没有在作业过程中出现断裂、撕裂等问题。不同的生物降解地膜产品虽然在增温和保水性能上与PE地膜相比略有差异，但基本满足了花生和茶用菊生长发育要求，在长势、生育期、防除杂草方面与PE地膜没有显著差异。在成本方面，生物降解地膜比PE地膜的产品投入多100元/亩，考虑秋后和第二年春天地膜回收投入30～50元/亩（以2016年市场价格计），应用生物降解地膜仍需要多投入50～80元/亩。在产出方面，上海弘睿和德国BASF两种生物降解地膜的产量、产值和纯利润与PE地膜持平，没有出现显著差异。因此，生物降解地膜在北京推广使用是可行的，但是如何通过规模化降低原料成本、降低促性成本、通过配方促进生物降解地膜降本等，仍需要进一步研究（图5-21）。

图5-21　生物降解膜替代技术

2.地布一次覆盖多年除草技术

在多年生作物种植过程中，在行间铺设园艺地布（图5-22），用于防治杂草，可一次铺设、多年受益，可比不覆盖每亩节约人工成本1 800元以上，与覆膜除草相比降低了生态安全风险。该项技术在房山、延庆、密云等区的多年生花卉和药材中推广使用。

（二）机械除草技术

在景观作物种植过程中，控制好行距，确保小型除草机具正常作

图5-22　地布覆盖除草技术

业，可以大大减少人工除草的投入。另外，观光农业园区可以保留部分自然生草地，在使用前进行机械除草，与种植人工草坪相比，不仅可以减少除草的人工投入，还可以免除草皮卷、草种、化肥等的投入。

（三）错期播种技术

多（越）年生的药材在雨季播种时常常受到严重的草害困扰。对于茬口适宜的地块来说，可将播期推迟至8月中下旬。经过一个雨季，多数杂草种子已经萌发，播种前对已有杂草进行化学或物理防治，可以有效清除大部分杂草，保证药材苗期的正常生长。

第四节　立体景观技术

立体种植指充分利用立体空间的一种种植方式，例如利用林下、梯田、水田等间等多种地块类型种植形成农田景观。农田景观构建常用的立体景观技术包括廊架景观、绿色林地景观和梯田景观。

一、廊架景观

廊架是指用刚性材料构成一定形状的格架，可供攀援植物攀附。廊架景观不仅可以结合植物提供一个遮阴、避雨、休息、赏景的空间，而且可以作为室外各景区联系的"过渡空间"，打破墙面的闭塞、单调，使景色渗透，增加风景深度和空间层次，起到组织景观、分隔空间的作用。廊架景观常用于观光农业园区遮阴和设施园区软化硬质景观。

农田景观中常用的廊架植物，按观赏特性可分为观叶、观花、观果，按生长习性可分为一年生和多年生，按种植方式可分为地栽、种植槽、盆栽和树池等。在景观构建过程中，宜不同品种搭配、一年生与多年生搭配。一年生植物长势旺，可在当年覆盖廊架形成较好的景观效果，常用的有葫芦、南瓜、丝瓜、苦瓜等葫芦科植物；多年生植物长势较慢，经过 2～4 年的管理可逐渐覆盖廊架，长成后不需要年年重新种植，具有省工之特点，常用的有软枣猕猴桃、山葡萄、凌霄、紫藤、藤本月季等。

以葫芦品种搭配为例。2014 年北京市农业技术推广站对密云区东邵渠镇东葫芦峪村景观进行了整体规划，通过多方努力，村里流转土地发展起了一个占地 80 亩的葫芦大观园，成功搭建了 3 000 米的葫芦廊架，囊括了 200 余个葫芦科作物品种，展示了挽结、范制、勒扎等多种葫芦创意栽培技术，还开发了葫芦宴、打造葫芦特色餐饮（图 5-23）。

另外，北京市农业技术推广站还对一年生与多年生作物搭配模式进行了多点示范，其中表现较好的一年生爬藤植物有葫芦、南瓜等葫芦科植物，表现较好的的多年生植物为软枣猕猴桃（图 5-24），适应性强、耐粗放管理，兼顾景观和经济效益，种植 3 年后可亩产 600kg，亩产值 6 000 元。

图 5-23　廊架景观（葫芦）

图 5-24　廊架景观（软枣猕猴桃）

二、绿色林地景观

林下景观主要是指林药间作、林油间作、林花间作景观，具有层次分明的景观特色。随着北京市平原造林百万亩工程的持续推进，林下种植空间快速增长，发展林地景观具有很大的潜力。

（一）林药间作

北京地区林药面积约占中药材总种植面积的一半以上，主要分布在延庆区、门头沟区、平谷区和密云区。林下种植的品种为黄芩、板蓝根、甘草、金银花、射干，构建了层次分明、季节交错的林下景观，形成了低头观花、抬头摘果的休闲农业模式。

图5-25 林药间作

进行林药间作要合理选择种植种类（图5-25）。第一，依托当地资源优势，因地制宜引进和种植适合当地生态条件的中药材；第二，根据不同果树与中药材的生物学特性，组成合理的田间结构。如选用的中药材品种要以耐阴性、浅根性为主；第三，配置比例要适当，坚持果树为主、优势互补的原则；第四，要加强田间管理，互促互利、控制矛盾，以确保双丰收。同时，还要注意不能互相传播病虫害，所种中药材不能是果树病虫害的中间寄主等。

合理安排株行距、改善通风透光条件，减少植株间争肥、水、光能等矛盾，创造适宜的单植株生长环境，同时利用其行距空间，合理套种一些茎秆低矮、生长期短、株形瘦小的中药材品种，还可防止杂草生长。幼龄林与中药材间作模式林木一般栽种后需2～3年形成树冠，才能形成一定的荫蔽度。在这期间，合理套种茎秆低矮、株型瘦小、喜阳的中药材品种，可减少土壤养分流失、抑制杂草生长、增加效益。如杨树栽植后1～3年，在4～5m宽的行距中套种中药材黄芩、板蓝根、金银花、射干、桔梗、白术、红花等植株较小、喜阳的品种。成龄果林与中药材的套种模式则随着树苗长大，3～5年的树林已形成较荫蔽的环境条件，可种植一些喜阴的中药材，如柴胡、旱半夏、天南星、黄精、玉竹、天麻、灵芝、猪苓等。

以房山区周口店镇草根堂农场为例，农场种植数百亩林下药材，呈现橙色的射干花海、白色的药菊花海等色彩丰富的林下景观，其中射干生长的第2年植株覆盖度就能达到80%以上，种植3年后平均亩产250kg，亩效益达到7 500元。

（二）林油间作

林油间作以大豆、花生为主，也有在光线充足的幼林套种向日葵或油菜，形成黄色条带景观。林下种植大豆、花生，可以利用根瘤菌固氮提升土壤肥力，在林下形成绿意盎然的景观效果。林下大豆7月中旬开花结荚，8月上旬至9月中旬，全部为绿色，9月下旬大豆成熟为黄色，在密云、平谷、怀柔、昌平等区的山区以果林为主，顺义、通州、大兴和房山等区以平原造林地为主。林下花生6月下旬开花，7月中旬至9月中旬全部为绿色，成方连片甚为壮观，主要分布在平谷、昌平、怀柔和密云等区。林下种植花生、大豆时需注意选择耐阴、株高不要过高、中早熟的品种。图5-26为林菌间作。

图5-26　林菌间作

三、梯田景观

梯田是在丘陵山坡地上沿等高线方向修筑的条状阶台式或波浪式断面的田地，是治理坡耕地水土流失的有效措施，蓄水、保土、增产作用十分显著。梯田的通风透光条件较好，有利于作物生长和营养物质的积累。按田面坡度不同而有水平梯田、坡式梯田、复式梯田等。梯田的宽度根据地面坡度大小、土层厚薄、耕作方式、劳力多少和经济条件而定，和灌排系统、交通道路统一规划。修筑梯田时宜保留表土，梯田修成后，配合深翻、增施有机肥料、种植适当的先锋作物等农业耕作措施，以加速土壤熟化，提高土壤肥力。

梯田不仅有利于山地种植，还能体现山村的乡野风貌。依据梯田的坡度和线条依势造景，种植油葵、高粱、谷子等耐旱作物，可以形成具有乡土气息的梯田景观。2018年房山区周口店镇娄子水生态观光园推广"油菜+油葵"梯田景观，盛花时艳丽的黄色色块沿着坡度分布，形成了错落有致的农田景观效果（图5-27）。同年在房山区十渡镇马安村推广油葵梯田景观，形成的黄色梯田花海为该村的红色旅游添彩、显著增加客流量，也形成了包装成瓶的葵花籽油产品（图5-28）。

图5-27　油菜梯田景观　　　　　图5-28　花海梯田景观

第五节　创意景观技术

创意农业对农业生产经营的过程、形式、工具、方法、产品进行创意和设计，从而创造财富和增加就业机会，是以农业为主要创意对象，将农业生产与文化开发结合起来，赋予农业生产过程以文化内涵和价值。本节所讨论的创意景观，是以农作物为材料，进行组合搭配，形成农田图案，营造独特的视觉效果，提高农业的文化附加值，并适时地与第三产业相结合、提高农业经济价值的景观。

一、方法创意

基于实践经验总结出两种不同制作的农田图案景观制作方法。①先种植后放样的方法（图5-29），先种植景观作物，如小麦、油菜等，进行中期刈割，割与未割部分形成色差，构成图案，如房山区天开花海的麦田蝴蝶图案；②先放样后种植的方法（图5-30），先在田间放样，以线拉出设计的图样，在不同区域种植不同颜色的作物，构成图案，如大兴区以向日葵为主、辅以药材和花卉组成的中国地图图案。

图5-29　田间先种植

图5-30　田间先放样

二、主题创意

(一) 抽象图案主题

选择线条简单的抽象图案，以颜色对比强烈的景观作物进行填充，形成简单明快、一目了然的图案景观，最容易形成视觉冲击力（图5-31）。在选择作物时尽量选择株高一致、叶色或花色差别较大的景观作物，注意最佳观赏期的长度。确定图案时宜选择线条简单明朗、易识别的图案或几何图案的组合，便于实地放样，也易形成突出的效果。以下介绍3个抽象图案主题景观的典型案例。

图5-31　稻田抽象板块

房山区韩村河镇天开花海的麦田蝴蝶图案，占地5亩左右，图案由两只翅膀开合的蝴蝶组成。图案实地绘制时，利用两弧相交确定第三点的方法进行放样，在小麦接近拔节时刈割出1.5m宽的道路，以此为线勾勒出图形。图形完成之初，本底为绿色，线为土色；后期本底为深绿色，线为新抽出的麦苗、为浅绿色。此图案的观赏期在4月初持续至5月下旬。

大兴区魏善庄镇魏善庄村的太极图案游览区，占地20亩左右。此图案是以道路将农田进行切割，形成太极图案，种植不同景观作物品种，打造景观作物品种展示基地。其中中心的阴阳鱼以粉色的松果菊和黄色的黑心菊为主，外围的八卦种植各种不同品种的药用植物。观赏期在7月持续至9月下旬。

延庆区香营乡"艾在杏乡"艾蒿主题农业园的杏花图案采摘区，占地5亩左右。该采摘区以食用艾蒿打底，中间随意排列三朵杏花图案，图案内部种植蒲公英、紫苏、板蓝根、金莲花等药食两用作物。图案整体以1m宽的道路勾勒，方便游客采摘。采摘期在7月上旬持续至9月上旬。

（二）作物迷宫主题

植物迷宫源于西方国家，在西方园林植物文化中盛行。在农作物种植中引入迷宫文化，多以玉米、高粱、向日葵等高秆植物，或者以葫芦科作物廊架等开展，幽深曲折的道路最能体现迷宫的乐趣（图5-32）。以2017年密云区新城子镇雾灵西峰彩葵园的向日葵迷宫为例，该迷宫占地6亩左右，以道路勾勒迷宫，其余区域种植油葵。油葵株高170cm左右，给穿越迷宫增加了一定的难度和趣味。油葵迷宫作为园区中可供游客参与的

图5-32 向日葵迷宫

植物景观，吸引了不少游客体验。观赏体验期在7月下旬持续至9月下旬。

也有以较低矮的花卉作为迷宫主材的园区，其更加注重迷宫的观赏性，迷宫难度较低，作为园区趣味性的点缀。例如2018年延庆区香营乡"艾在杏乡"主题农业园的草花迷宫。该迷宫位于药用艾蒿种植区中，占地15亩左右，以道路勾勒迷宫，其余区域种植百日草，既增添了绿色艾蒿种植区的色彩、提升了园区的景观效果，也提高了园区的可参与性。观赏体验期在7月上旬持续至9月下旬。

（三）爱国主题

爱国主题以大地为画布，以作物为画笔，勾勒出地图、标语等爱国符号，在近年来爱党爱国教育如火如荼的大背景下应用较多（图5-33）。例如2017年大兴区榆垡镇的巨幅向日葵中国

图5-33　爱国主题

地图，占地100亩左右，采用先放样后种植的方式，各省份分界线种植紫色的彩葵，内部主要种植油葵，辅以一些药用植物、荞麦等。近处观花，航拍看图，观赏期在8月底持续至9月下旬。

（四）时代主题

时代主题以当下热门话题或时事政治为主题意向进行图案设计种植（图5-34）。例如2016年结合北京申办2022年冬季奥运会这个时代主题，延庆区珍珠泉乡广场建设了一个人形图案大地景观，将中草药知识融于其中，打造美观且具有科普意义的精品场所。场地面积5 800m²，人体设计为正在做跳跃动作的单板滑雪运动员，人形上侧搭配奥运五环图案，下侧搭配"Beijing""2022""冬"字样。人体图案的植物选择以中草药为主，并与治疗人体的部位相对应。例如头部种植对眼、鼻、耳、脑有益处的中草药，上身种植对心、肝、脾、胃、肾有益处的中草药，使游客在游玩的同时，可了解到丰富的中草药知识，在行走过程中即锻炼了身体又习得了健康知识。

图5-34　时代主题

（五）商业广告主题

　　创意图案景观一般作为话题和吸引点为园区吸引游客，很少产生直接的经济收益，但广告主题农田创意景观一方面可以作为企业自身形象的宣传平台，如2018年房山区十渡镇西河村蓝漪庄园在稻田中进行了商标图案的种植；另一方面也可以与企业需求结合，产生直接的广告收益，体现了创意景观的商业价值（图5-35）。例如2016年北京市农业技术推广站以推广农业电商"任我在线"为策源，在天开花海千亩油菜花海中打造了占地20亩的二维码农田景观创意广告，形成了北京三项首创，包括二维码图形首创、广告创意首创和农田景观产品化首创，探索了农田产品化景观创意种植新模式。技术人员采用卫星定点和局部刈割的制作方法，仅仅利用5个劳动人员3天内就完成了制作，制作成本仅为4 000元，且基本上对作物的产量不产生影响。创意景观制作不但满足了市民观光旅游和企业广告宣传，而且促进了农民增收。景观农田产品化种植通过三种渠道提高

图5-35　广告策划

了农民收入：一是广告企业以每亩1 000元的租地费投入，合计增加农民收入2万元；二是该造型局部刈割的油菜于5月10日左右陆续进入花期，预计延长了园区内整体油菜花观赏期15天，增加园区门票收入；三是通过社会性营销事件策划及媒体整合营销推广，吸引大量市民前来观光，4月22日开园以来累计接待游客0.8万人次，比上一年同期的0.5万人次增加37.5％。据相关统计，该次营销事件及媒体传播受到广泛关注，吸引超过400万市民，并引发超过15万人次深度参与，"任我在线"活动页面获得超过10万次点击，超过40余家媒体报道，迅速提高了"任我在线"的品牌影响力，并在活动期间提升60％网站点击量，增加同期业务量近3倍。房山区天开花海通过对农田色彩景观营造、广告创意景观打造及网络营销推广传播等方式进行资源整合，以及对景观农田广告种植新模式的成功探索，开启了景观农业可持续发展新模式。农田产品化景观创意种植可以在北京各郊区县农业观光园、市区郊野公园以及市属公园进行创新性复制，可开启高端私人定制、婚纱影楼个性定制、房地产公司企业文化定制等农业创意文化新模式，打破景观农业建设以往靠政府投入为主的尴尬局面。

（六）亲子主题

亲子家庭是农业观光园的主要客源，营造亲子主题的农田创意景观，有利于吸引亲子客源，增加园区的收入（图5-36）。例如房山区天开花海利用油菜制作了占地10亩的"大黄鸭"图案，利用小麦打造占地5亩的"笨熊"图案，契合园区的亲子主题，吸引了很多市民前来观赏留影。游客们站在高高的大坝上向油菜田和小麦田望去，造型图案栩栩如生，充满趣味。"大黄鸭"和"笨熊"采用画圆定点和局部刈割的制作方法，仅仅利用5个劳动人员1天内就完成了制作，对作物的产量不产生影响。

图5-36 亲子乐园

（七）环保主题

农田景观也可以作为环保主旨宣传的窗口和平台，体现了其公益价值（图5-37）。例如2016年房山区结合生态环保题材在

"中国黑鹳之乡"和"京西稻作文化保护区"——十渡镇进行稻田画制作。该区域"北京京西稻作文化系统"于2015年成功入选了第三批中国重要农业文化遗产；且该区域由于拒马河穿境而过，所以空气相对湿度大，大气质量优良，空气质量为一级标准，成为国家一级保护动物黑鹳的栖息地，因此2014年中国野生动物保护协会决定授予十渡镇"中国黑鹳之乡"称号。在该区域200亩稻田里"绘制"了"黑鹳"图案，以绿色水稻和紫色水稻填充种植，图案简洁明快，像一个巨大的黑鹳倒影置于十渡镇的山水之间。

图5-37　生态环保

（八）乡土主题

乡情土味是都市人在郊区山野中追寻的趣味和情怀。富有乡土气息的图案不仅符合乡村的色彩，也体现了浓浓的地方特色（图5-38）。例如2016年延庆区井庄的柳沟和房山石楼镇吉羊村开的"火盆锅"和"稻田鱼"创意图案造型。将当地的乡村旅游特色产品与农田景观紧密结合，突出当地文化和乡土气息。
"火盆锅"和"稻田鱼"均采用画圆放线的方法，操作简单方便。

图5-38　乡土气息

第六章

6 SIX

农田生态构建技术

在我国乡村发展过程中，由于农业和农村基础设施建设、土地整治以及乡村生态环境建设滞后，致使农村土地利用和生态环境建设出现了种种不协调的现象，诸如农村居民点废弃、生态功能退化、环境污染、乡土景观风貌受损、人居环境质量降低等问题。针对这些问题，我国先后开展了新农村建设"五项工程"、农村土地整治、农业基础建设、面源污染控制、退耕还林等工程。这些政策和行动计划对中国农村发展、人居环境改善、城乡一体化绿色基础设施建设具有十分重要的意义，并取得了巨大的成效。但是，我国在新农村建设和农业发展过程中，由于缺乏生态景观理论和技术指导，再加上管理和建设人员业务水平有限，盲目大拆大建、农村建设城市化，致使新农村建设千篇一律、过度硬化、毫无特色，导致地域景观风貌严重受损，出现"景观污染"或"千村一面"现象。因此，我们开展了乡村风貌提升、综合地力提升、生物多样保护、农田生态防护、生态道路建设等技术实践。

第一节 乡村景观风貌提升

乡村景观风貌是指反映历史文化特征的村庄景观特征和自然、人文环境的整体面貌，也可以进一步理解为乡村景观特征。乡村景观风貌提升就是保护、修复和强化乡村景观风貌和特征。

农村生态景观建设要维系和提升乡村景观特征，避免"大拆大建"，把农村土地当成没有文化、历史和生命的"土地"，避免随意规划和整治，导致"新农村建设城市化"现象出现（图6-1），致使乡村特征丧失和景观破碎化、乱堆乱放乱挂以及对城乡边界线的不适当处理（图6-2）。乡村聚落生态景观工程包括村庄空间布局和建筑、庭院、公共空间、道路、绿化、水体、给排水、照明、新能源工程等，涉及内容较多。

图6-1 新农村建设城市化　　　　　图6-2 乱堆乱放现象

一、空间布局和建筑

空间布局方面。保护和加强山水格局、地貌、湿地、溪流、植被及其边界的独特特征。对于旧村改造，宜遵从传统村庄景观环境的原有风貌和整体空间布局，强化基础设施建设，对局部改进完善，不宜"大拆大建"；对于需要进行重新规划设计、就地改造的村庄，应以内部整治为主，完善基础设施、保护和延续村庄原有形态；部分易地改造的村庄宜延续和保留旧村的风貌，并应实现土地的占补平衡。

建筑物方面。对于村庄已有的建筑，特别是较现代化的"城市化新农村"，要加大生态景观植被建设，淡化建筑物的几何形状和轮廓线；对于新建筑，尽量避免沿主干道建设，应设

图6-3 房前屋后

计不同大小的建设场地，以适应现有聚落空间格局；尽量保持传统建筑设计风貌，并通过合理布局和植被建设，淡化建筑物轮廓线，减少其在开放的乡村环境中的视觉影响；应遵从本地传统建筑风格，优先采用容易取材、经济生态的地方传统材料，提升节能减排效率（图6-3）。

庭院空间方面。庭院空间的设计要在满足住宅日照、采光、通风的基础上进行；村镇庭院中可布置绿化小品，如凉亭、花架、座椅、台阶等，满足居民多种需求；庭院植物的选择应注重观赏与实用相结合，选择一些形态、花期、色彩不同的树木与花卉，且色彩细腻、丰富多彩，庭院植物应选择适应性强、耐粗放管理的种类，设计时避免成排成形栽种；庭院道路宜取尽端式布置，同时尽量避免铺硬化地面，提倡铺透水透气的生态路面。

二、公共空间和街道

村庄公共空间方面。主要包括公共绿地中心、水塘、村口等村民公共活动的地方。村镇公共生态景观空间选址应符合安全要求且便于村民到达，不应侵占农田、毁林、填塘等；村镇公共生态景观空间可适当布置座椅、儿童活动设施、健身设施、小品建筑等来满足村民日常生活需要；公共绿地规划应对村镇范围内的原有绿地充分利用并与之相结合，且宜采用自然生态的绿化模式，选择合适的乡土植物；公共水塘定期维护，及时清淤，保持水面洁净，不断改善堤岸亲水环境，有条件的公共水塘改造为种养水塘，充分保留、利用和改造原有的坑塘，疏浚河渠水道；重点加强村口标志性生态景观的建设，应通过小品配置、植物造景与建筑空间营造等手段营造自然、亲切、宜人的生态景观风貌。

街道空间方面。充分利用村旁、宅旁、路旁等半公共空间进行街道绿化，营造良好的生态居住空间；街道绿化应将平面绿化与立体绿化结合进行，形成空间变化丰富的街道景观；街道端头、转折处应设置较为开阔的绿化空间，为居民交往提供良好生态环境；街道铺面应选用平整、耐磨、防滑、环保透水性材料（图6-4）。

图6-4　街　道

三、公共设施和绿化美化

公共设施方面。协调公共设施与周围自然环境，包括设施布局、设置规范、体量、高度、色彩、造型等均要与周围景观协调；农业建筑造型与空间组合设计应通过建筑自身形体的高低组合变化和周围山水环境的结合，塑造出具有地域特征和可识别性的农业建筑景观；合理规划畜舍设施，确保清洁化生产，通过畜舍合理设计和绿化，降低污染物质的排出、畜舍气味和养殖噪声等；垃圾收集和处理设施要人性化，并考虑景观美学设计，方便操作；污水处理设施要尽量做到地表不可见，开展沉淀过滤有机物转变沼气的厌氧发酵，有机物降解的有氧分解和人工湿地降低水体中氮、磷营养物质的生态化处理方法。设施色彩要突出功能定位，符合当地传统习俗颜色；建筑材料宜选用适合当地的乡土材料。

外围设施和景观小品方面。外围设施包括雕塑小品、栏杆、座椅、亭廊与棚架、标识、路灯以及其他一些便民设施等。雕塑小品在布局上应结合周围建筑、道路、绿化及其他设施恰如其分地确定其材质、色彩、体量、尺度、题材、位置等；栏杆设计宜美观大方，采用通透式，可选用木质或竹制的乡土材料，也可适当选用一些其他材料，如金属等；座椅设计可结合花池、树等周围环境进行，材料就地取材，如石材荒料、防腐木制、竹制等，也可选用经济适用的混凝土、砌砖等为主体材料；亭廊与棚架的设计应临近居民主要步行活动路线，易于通达，形式宜简洁朴素，不宜繁杂，体量宜小巧宜人，材料也应以乡土材料为主，如毛石、竹子、茅草等；标识可布置在路口、路边、景观节点等位置，材料以选用乡土材料为宜，如采用石砌、石垒、木构架、藤编等方式，其工艺做法宜选用传统工艺；路灯、废物箱等设施的风格应与周围环境统一协调，为道路景观画龙点睛。

景观绿化美化提升方面。强调植物分布的地带性，遵从乡土化原理，根据具体立地条件，合理选择植物种类，适地适树；植物配置应多样而统一，对比而调和，可选用孤植、对植、列植、群植等手法，并通过借景、组景、分景、添景等多种手法，使其与周围环境相协调。

第二节　综合地力提升

2015年，农业部颁布了《耕地质量保护与提升行动方案》，到2020年，全国耕地质量状况得到阶段性改善，耕地土壤酸化、盐渍化（图6-5）、养分失衡、耕层变浅、重金属污染、白色污染（图6-6）等状况得到有效遏制，土壤生物群系逐步恢复。耕地质量保护和提升应高度重视生态过程，要从田块尺度提升到景观尺度，从过程阻控、受体保护和受体污染生态修复方面，推进耕地保护和质量提升。

综合地力提升工程主要包括条带种植、等高种植、间套作、

图6-5 盐渍化　　　　　　　　　　　　　　　图6-6 白色污染

周年覆盖、休耕轮作、少免耕和秸秆还田等耕作制度,包括种植制度以及与之相适应的养地制度。通过合理的地力提升技术不但能增加作物的产量,而且能提高土地的生产力,改善资源环境。条带种植、山区等高种植可以减少水土流失、土壤风蚀和空气污染颗粒扩散,并提高景观视觉效果;间套作和周年覆盖能提高土地利用率、增加覆盖度、减少扬尘、丰富农田景观;休耕轮作、少免耕和秸秆还田技术对于改善土壤理化性状、提高耕地地力水平、防风固沙、涵养水分、保护耕作层等方面起到了积极作用。

一、周年覆盖技术

针对普通农田裸露地,共有四种周年覆盖技术模式。包括"冬油菜+油葵"周年覆盖景观模式,主要方式为秋季播种冬油菜,油菜收后种植早熟油葵,如顺义区大孙各庄博特园景观田、大兴区礼贤景观田等;多(越)年生药材覆盖模式,主要方式为种植黄芩、射干、板蓝根、桔梗等,如延庆区千家店、房山区草根堂农场等;多年生牧草覆盖模式,主要方式为种植紫花苜蓿等,如顺义区大孙各庄博特园景观田、延庆区野鸭湖湿地保护区等;多(越)年生花卉覆盖模式,主要方式为种植宿根鼠尾草、地被菊、蓝香芥、蓝亚麻、虞美人等，如房山区娄子水村、房山区天开花海等。通过监测可知，4月底四种模式覆盖度均达到90%以上；与翻地起垄相比，周年覆盖模式可降低农田风蚀33%（图6-7）。

针对设施棚档裸露地，共有三种设施棚档裸露地覆盖模式，分别为多年生经济型花卉作物模式、多年生药食两用植物模式和"一年生经济作物+越冬作物"模式。其中，多年生经济型花卉作物模式主要方式为种植食用百合、黄花菜和茶菊等，所选为经济价值、观赏效果和成活率都较好的种类，但前期种苗等投入较高，适合经济条件较好、人力资源短缺、发展休闲采摘功能的园区；多年生药食两用植物模式主要方式为种植牡丹、板蓝根等，成活率较高、覆盖效果好，既可以起到覆盖作用，又可以为餐厅提供新鲜食材；"一年生经济作物+越冬作物"模式主要方式为春夏茬种植花生、大豆、甘薯、蔬菜、鲜食玉米等，秋茬种植冬油菜或越冬菠菜，形成周年覆盖（图6-8）。

图6-7 大田周年覆盖

图6-8 棚档周年覆盖

二、间套作技术

间套作是我国农业遗产的重要组成部分，间套作与单作相比具有增产、整效、稳产保收、协调作物争地矛盾等优势，可以充分利用空间、时间、生物以及地上地下养分。我国实行间作的主要作物是玉米、豆类和甘薯，其中最多的是玉米与豆类间作；套作比间作更为普通，相互搭配的作物涉及粮、油、烟、菜、瓜等，类型方式多样化。例如2018年顺义区大孙各庄种植了大豆和粉色荞麦间作景观，形成粉色和绿色相间的条带，同时大豆起到固氮增肥的效果（图6-9）。农作物与多年生木本作物（植物）相间种植也称为间作。在北方地区，大部分树木为落叶类型，冬季对地表的覆盖率很低。林间间作黄芩等药材可以增加地表覆盖率，减少扬尘和水土流失，改善生态环境。人工造林物种单一、密集集中，直接影响生物物种繁衍，影响森林生物多样性的群落发展。开展林药间作（图6-10），充分利用林地空间，进行多层次的林药立体经营，形成一个多层次的复合"绿化器"，使能量转化及生物产量比单一纯林显著提高，这是施行以短养长、长短结合、综合开发林地经济的新技术措施。

图6-9 荞麦大豆间作

图6-10 林药间作

三、带状种植

在一个田块中以大致相同的宽度安排不同的作物进行条带状的作物种植，可以减少水土流失、土壤风蚀和空气污染颗粒

图6-11　花生与向日葵条带种植

物扩散，增加水分下渗透，改善地力和周边水域的水质，增强野生生物生境功能，并提高景观视觉效果。条带的设置应当尽量符合等高线，或是顺应地形起伏，条带的宽度应当符合农业机械的宽度，条带中作物的选择可以包括牧草、豆科植物、谷物等。图6-11为花生与向日葵条带种植。

四、绿肥还田技术

绿肥还田是用绿色植物直接作为肥料施入田内，是一种养分完全的生物肥源。种植油菜、牧草等绿肥作物，具有提高土壤分、改善土壤物理性状的作用。以油菜为例，春天开花观景后在5月中旬至6月上旬翻耕入地，可使土壤有机质提高8%，全氮提高4.6%，全磷提高14%，土壤容重降低5.7%。如顺义北小营前鲁各庄村和海淀上庄的油菜+水稻模式。该种植模式选用北京市农业技术推广站引进并筛选的春油菜品种——武威小油菜，生育期70～90天；一般3月中旬播种，4月中下旬陆续开花，花期25天左右，5月中旬作为绿肥翻入土壤，形成了"春赏油菜，夏插稻秧，秋收稻米"的景观休闲农业。采用春油菜-水稻种植方式，不但可以增加春季农田地表覆盖，减少扬尘，而且形成了优美的大田景观，吸引了大量市民前来观光留影，同时油菜作为绿肥对改良土壤也起到了很大的作用。图6-12为油菜与水稻轮作。

图6-12　油菜与水稻轮作

第三节　生物多样性保护

　　农田（耕地、园地和草地）及其周边沟路林渠、荒草地、小片林地、灌丛等半自然生境构成农田景观镶嵌体，维系了全球约50%的野生濒危物种，是陆地生物多样性的重要组成部分。农田景观生物多样性提供了农业可持续发展必须的遗传资源、授粉、天敌和害虫调控、土壤肥力保持、水土涵养、文化和休闲等生态服务功能，是实现农业可持续发展的必要基础，也是评价人与自然是否和谐最重要的指标。然而，由于土地过度开发、田块规模化（图6-13）、沟路渠过度硬化（图6-14）导致农田半自然生境减少或消失，再加上农药化肥大量投入和单一化高产品质种植，导致农田景观均质化、农田生物多样性减少，呈现"寂静田园"现象，并由此导致生物多样性相关的各种农田生态服务功能严重受损，严重威胁农业生产稳定性和可持续发展。因此，开展以恢复和提升农田生物多样性保护为中心的农田景观综合管理，提高农田生态系统生态服务功能，是继农田养分综合管理、病虫害综合防治后，又一重大农业可持续发展管理策略，是实现农田生态系统由"疾病防治"到"健康管理"的绿色生产方式转变的关键环节。

图6-13　田块规模化

图6-14　沟路渠过度硬化

生物多样性保护应遵循以下原则：①回归自然：维护农田景观自然生境，包括河岸、湿地、水域、森林、林地和草地；可能的话，通过种植或促进本土物种的生存，恢复河岸、湿地、森林、林地和草地的自然状态；管理所有自然生境，使敏感和珍稀动植物能继续在此生存；尽可能扩大自然和半自然生境的比例。②保护半自然生境：保持或建立半自然防护林、树篱、栅栏、牧场和牧草种植地、缓冲带和道路边缘；可能的话，通过种植本土物种重建；使用本土的、适应本地环境的植物；管理半自然生境，使对生境敏感和珍稀的动植物能在当地继续生存。③巢（家）及生境保护：栖息地的位置、格局和季节可用性影响现有生物多样性的类型和数量；了解周围的栖息地如何促进生物多样性；在农场保护和恢复栖息地时，要考虑栖息地的历史格局；保护和恢复对维持生物多样性很重要的季节性栖息地；规划农场发展和种植的位置，以保护生物多样性。④增加连通性：让栖息地斑块间的荒废土地自然变化；在栖息地斑块中建荒地、防护林或树篱；种植自然植被，连接栖息地斑块；呼吁大家共同连通景观中的栖息地。⑤提高植被的层次性：在当地建立和维持禾本、草本、灌木和树的混合种植；建立和维持植物高度和年龄的混合。⑥增加生态系统的健康性：通过适当的耕作和放牧，适当的道路、小径和开采，减少对土壤的干扰。土地饱和时（特别是河岸地区），应避免放牧和收割；通过植被覆盖和作物套作来避免土壤侵蚀；适当进行生产投入，避免破坏土壤生物以及自然土壤和水生生态系统的功能，如果可能，使用生物和物理方法来控制害虫；通过建立关键的生态功能，如授粉、改土培肥、水过滤和储存，营养储存和循环，水土流失控制，有机质分解等，增强生态服务功能。⑦提高生产生物多样性：种植不同年龄和高度的各种植物；利用农林业的做法，饲养不同品种的牲畜；可能的话，谨慎地采用干扰技术（如火烧、放牧、淹没）模仿自然干扰，更新土壤和植被。⑧小心外来物种；外来入侵物种对本土生物多样性的保护是有害的。在农场或牧场的自然和半自然区识别、控制并尽可能根除入侵物种。保持健康的多年生植被覆盖和不同的本土植被，最大限度地减少受干扰地区（如耕地、道路和小径）和自然生境之间的边缘，或用驯养动物放牧来控制杂草；禁止外来鱼类进入水体；通过发展管理措施，培育合适的物种，阻止对本土生物多样性有害的物种。

生物多样性保护工程技术比较多，包括增加半自然生境比例、适度缩小田块规模、边角地休耕、甲虫堤、农田生物岛屿、农田缓冲带、生物栖息地修复等。在农田景观中要增加半自然生境的比例（图6-15），沟渠、树篱、池塘、田埂等半自然生境比例较高的农田景观中，生物多样性明显更高。从1998年开始，瑞士的农场主需要将各自至少7%的农田用于生态补偿区。适度缩小田块规模，缩小田地规模（维持小农田生产），意味着小面积地块及其界线的数量更多（图6-16）。这项措施可以增加不同类型的地块边界，提供生物异质性，从而增加生物多样性。研究表明5～7亩是机械作业比较合适的规模。对耕地和畜牧区的边角区域取消管理措施，既不进行管理，也不在角落种植草种。建造甲虫堤，即长满草的土丘，大约2m宽，横跨大耕地田的中央，可以建造成双向耕作式的，也可以用混合草种进行播种，

图6-15 增加半自然生境比例

图6-16 适度缩小田块规模

尤其在越冬期为甲壳虫、蝴蝶那样的食肉昆虫提供栖息地。这里主要介绍农田缓冲带和生物岛屿。

一、农田缓冲带

农田缓冲带可以定义为镶嵌在农田景观中耕地与其他景观要素之间,自然或人为改造形成的条带状植被覆盖,主要位于田块边缘区域,包括农田与其他土地利用类型之间难以并入田块进行耕作的交错地带,或是占补平衡等整地过程中产生的边角地带。农田缓冲带具体指沿河流、沟渠、道路、农田边缘一定范围内建设的植被景观带,具有保护生物多样性、防治水土流失、控制氮磷流失、净化水质、提升授粉功能、景观美学等生态服务功能。

(一)农田缓冲带的分类

农田缓冲带可以依据其属性和功能进行分类,根据位置和相邻土地利用类型,分为河流缓冲带、渠道缓冲带、道路缓冲带、农田/果园边界缓冲带、防护林和林地边缘缓冲带、村庄周围缓冲带等;根据植物组成和结构配置,可以分为林地缓冲带、灌木植物篱、草本缓冲带、蜜源野花带等;根据主要生态服务功能类型,可以分为水土保持、面源污染控制、授粉功能提升、害虫控制、护坡护岸缓冲带等。

(二)农田缓冲带的生态服务功能

在农田景观尺度上进行缓冲带的综合规划和管理,能够提供多样化的生态服务功能。在调节服务方面,沟渠、河道缓冲带能够提供水土涵养、污染防控等功能,例如卜晓莉等设计的林草复合缓冲带减少了农田径流输出约50%,拦截了约80%的泥沙沉积物,对各形态氮、磷的拦截率均在50%以上;防护林缓冲带具有调节农田小气候、防风防尘的功能，例如孔东升等的研究表明，农田林网内年均空气温度比林网外低1℃，年均相对湿度比林网外高8%。在支持服务方面，田埂和农田边界缓冲带能够提供授粉、害虫控制、生物多样性保护等功能，例如根据万年峰等的报导，稻田田埂保留杂草能够减少稻田内的稻飞虱达35.31%；Klein et al.和Wiggers et al.的试验表明，农田和果园周边的植物带能够显著提升野生蜜蜂等传粉昆虫和传粉鸟类的多样性。在生产和文化服务方面，利用牧草、苗木、经济作物等物种构建农田缓冲带能够提供额外的农产品；多样化的农田缓冲带还对提高农田景观的复杂性、开阔性、自然性、历史性等美学指标有重要作用。在景观服务功能方面，沟渠、道路、防护林的空间分布对景观多样性、破碎化和生境分布等空间格局指标都存在影响。

（三）农田缓冲带的综合规划设计

以生态服务功能为核心的农田缓冲带综合规划设计主要包括以下步骤：①目标确定：遵循多功能性原则，权衡农业生产、经济发展和环境保护等发展战略和需求，确定规划设计目标；②现状调查：通过野外调查测绘和参与式调研，详细评价地形、植被、水体、聚落等景观特征，分析生态服务功能供需情况；③总体空间布局：构建农田缓冲带的总体空间布局，保护调查中识别的非农生境，补齐斑块间的生境断带，维护自然生态过程，提高景观异质性和连通性；④工程设计：针对基层管理者与土地使用者的实际需求，全面考虑工程设计对生态环境的直接、间接和累积影响，利用乡土植物物种，合理确定植物搭配及比例，模拟地域自然群落进行植被设计；⑤施工与管护：降低施工操作对水土安全和生物多样性的负面影响，注重对植物的定期修剪与补植，保证农田缓冲带的功能可持续性。

（四）实践中农田缓冲带的典型模式

为了提升农田的这些生态服务功能，北京市农业技术推广站开展了农田缓冲带适宜单一草种、混播草种和野花组合的试验研究，累计在29个示范点示范农田缓冲带，在道路两侧、农田边缘等区域种植，形成单一草花、组合草花和灌草组合3种模式。图6-17、图6-18为农田缓冲带实践案例。

1.单一草花模式

单一草花模式农田缓冲带构建的品种适合一般农田边界和恶性杂草较多的农田边界，其优点是便于除草等田间管理，缺点是物种单一、生态效应不如草花组合。2017年，北京市农业技术推广站在顺义区赵全营和大孙各庄开展了单一草花筛选试验，引进种植小冠花、白三叶等11个种类。结果表明，豆科、石竹科和菊科出苗相对较快，禾本科相对较晚，堇菜科出苗最晚；紫花苜蓿、瞿麦、蒲公英、三叶草和小冠花，第一年播种覆盖度均达到60%以上，且第二年返青较好，适宜一般农田缓冲带的建设。而在恶性杂草较多的区域单一种植百日草、硫华菊、波斯菊等强势作物，能与杂草竞争，形成草中有花、花中有草的农田缓冲带。

2.组合草花模式

组合草花模式将一年生草花和（或）多（越）年生草花组合到一起，其特点是见效快，一般播种当年即可快速见效，混合多年生草花的组合还可一次播种、多年见花。一年生草当年生长较快，可以迅速覆盖地表且当年见花，将适宜的多种一年生草花组合到一起可以延长花期，多（越）年生草花虽然第一年长势较慢，但可以在第二年成型，与自播的一年生草花一起形成新的组合效果。

北京市农业技术推广站2017年将白三叶、早熟禾和蒲公英进行混播，发现夏播草害严重，混合多个品种的草花组合撒播时不易除草，宜条播，除草时仅清除行间杂草和行内大株杂草，或者进行预播处理，即在播前浇一次水，促进杂草萌发，清理一茬杂草后再行播种。在选择组合时，可以选择市场上的商品组合，也可以自行组配，组配时宜注意高矮和花期的搭配，尽量选择乡土种，如荞麦、矢车菊、蓝蓟、硫华菊、万寿菊、柳穿鱼和黄花草木犀等。

3.灌草组合模式

灌草组合一般用在有一定坡度的地区，其中的草本植物可以迅速形成覆盖，灌木植物生长缓慢，但长成后可利用其发达的根系进行固土，与单纯的草本植物相比，其防止水土流失的功能更加突出。北京市农业技术推广站于2016年示范了以乡土种为主的灌草组合模式，其中灌木选择为连翘、荆条、金银花和胡枝子等，草本植物以覆盖效果好的多花植物为主，包括连翘+丁香—千屈菜+野甘菊、金银花—红蓼+泥胡菜、胡枝子—多年生黑麦草+野花组合等组合。

图6-17　缓冲带

图6-18　缓冲带

二、生物岛屿

生物岛屿为农田景观中的小片林地和灌木，或是农田中留出一部分的地块，种植一些谷物作为鸟类的食物来源，或保留一些原生植物，作为步甲等昆虫的栖息地。在农田景观中，尤其是集约化农田景观中，生物岛屿是重要的非农生境，植被组成结构多样、物种丰富，是一些农田动物赖以生存的食物来源、繁殖地和越冬场所，对于景观水平的生物多样性保护具有重要意义，对乡土稀有物种的保护尤其重要。生物岛屿中维系着多种害虫天敌和授粉昆虫等有益物种，在生物防治方面功能独特，如研究显示，麦田中间保留的生物岛屿，对于防治小麦蚜虫效果明显。很多生物岛屿生境同时也是农田景观中重要的文化和历史遗产（如田间小片风水林、宗族坟地等），是由当地社区按照传统的管理方式进行多样化管护的独特生境，是生态价值和历史文化价值密集交汇场所。北京市农业技术推广站分别在湿地、旱田和水塘示范了三种不同模式的生物岛屿技术。

（一）湿地生物岛屿技术

在湿地中种植豆类、谷物等乡土农作物作为过境鸟类的食源。2017年，北京市农业技术推广站在延庆区野鸭湖湿地保护区进行了生物岛屿技术示范，在试点区段内通过地形的整理打造出起伏的岛屿和浅滩湿地，在生物岛屿中部主要种植豆类、牧草、燕麦等乡土农作物，在外围水线以上位置种植委陵菜、金莲花、狼尾草等乡土作物，在生物岛屿周围水线以下位置点片种植水稻、千屈菜等湿生植物，结合原生的芦苇、香蒲形成自然优美的浅滩植被带，构筑起一个层次和功能分明的仿自然植物群体，既满足生态景观提升需求，又可以为过境候鸟提供充足的食物源保障。据不完全统计，延庆区野鸭湖湿地保护区生物岛屿建成后，灰鹤数量增加，像灰雁、绿头鸭、赤嘴潜鸭等40余种鸟类，在栖息地内形成集群（图6-19）。

图6-19　湿地生物岛屿

（二）旱田生物岛屿技术

对农田内部出现的撂荒斑块进行整理拔出恶性杂草，种植乡土灌木和草本，作物野生动物的栖息地。如房山区天开花海的绣线菊－青葙+原本植物模式为田间步甲昆虫提供了栖息地，据监测与对照相比，天开花海步甲、草蛉、瓢虫、蝴蝶、食蚜蝇活动密度均有所提高，丰富了农田生物种类（图6-20）。

图6-20　旱地生物岛屿

（三）水塘生态浮岛技术

在水塘中设置生态景观浮岛，其上种植植物，如美人蕉、再力花、菖蒲、鸢尾、慈姑、梭鱼草、芦苇、凤眼莲、水芹、香蒲、空心菜、风车草、灯芯草等，这些植物由于光合作用根系向水体中释放大量氧气，提高水体溶解氧含量，促进水体中污染物的快速净化。

第四节　生态道路建设

田间道路是连接村庄与田块，供农业机械、农用物质和农产品运输通行的道路。道路硬化是必要的，但要充分考虑道路密度、车流量和用途，采用合适的硬化方式。近年来，国家投资力度加大，大力推进"乡乡通""村村通"、农业基础设施建设等惠民工程。但与道路建设相比，我国农村常住人口减少，再加上缺乏生态景观建设的标准和技术，部分地区道路建设存在过度硬化现象（图6-21、图6-22），特别是农业园区、田间道路和乡村旅游点道路存在过度硬化现象。而一些乡村常住人口增加的区域和投资较大的区域，道路密度过高，导致乡村景观

图6-21　道路过度硬化　　　　　图6-22　道路过度硬化

破碎化，并造成了生境损失，影响到生物多样性。随着道路密度的增加，未受干扰的生境面积不断减少，严重影响生物多样性迁徙和保护，同时也增加了道路的封闭性。

生态道路建设要综合考虑道路建设与周边环境的协调发展，鼓励透水性的道路，减少土壤封闭性，提高生态服务功能。

（一）田间生态道路

田间生态道路可采用石灰岩碎屑、砂石或碎石硬化，生产道路可采用砂石、泥结石类路面、素土路面硬化，景观休闲步道可采用砂石、嵌草砖、卵石、改性沥青混凝土、透水性沥青混凝土或橡胶沥青混凝土等材料，增加田间道路透水性。在重要生物多样性保护区乡村，要根据动物种类和多样性，建设生态通道。道路涵洞、天桥等多种工程措施能有效促进道路两侧生物的交流，降低公路导致生境破碎化等对生态效应的影响。

以房山区天开花海为例。针对目前田间路存在过度硬化、封闭路面透水性差影响生态环境等问题，天开花海在主游览路示范了砂石路面（图6-23）、生草砂石路面（图6-24）和泥结石路面（图6-25），在游客集中区域示范了嵌草砖路面（图6-26），展示了4种透水性较好的路面硬化方式，改善路面覆盖，为取代普遍存在的混凝土硬化提供了范例。

图 6-23　砂石路面

图 6-24　生草砂石路面

图 6-25　泥结石路面

图 6-26　嵌草砖路面

（二）道路景观美化技术

道路绿化应先保护后绿化，如保护地标树和乡土树，道路绿化应遵循树种多样、乡土为主、色彩丰富、突出特色、景观优美等原则，合理搭配乔、灌、草，大力提高道路绿化具有的遮阴、降温增湿、滞尘、减弱噪声等生态服务功能的水平。

针对大田田间道路景观美化，可结合农田边界缓冲带的建设开展（图6-27）。以密云区河南寨平头村为例，道路两侧种植猫薄荷、马蔺、玉簪等宿根花卉，提高授粉功能和生物多样性，并与原有乔木形成高矮结合的绿化体系。

针对设施园区内部道路两侧的裸露地，可结合园区的休闲采摘需求，种植景观效果较好的景观植物（图6-28）。以顺沿特

图6-27　园区道路美化

图6-28　大田道路美化

菜基地为例，该基地在道路两侧种植了连翘、芍药等多年生观赏药材，配合马蔺等草本植物，形成灌木加草本的复合道路景观。

第五节　农田生态防护

农田生态防护工程包括农田防护林技术、农田护坡技术、植物篱防护技术、农田污染隔离带、草本防风技术和原生植被护岸技术，主要目的为减缓强风、改善特定区域的农田小气候，保证农作物的丰产、稳产。

一、农田防护林技术

农田防护林是为调整、改善农田生态系统结构与功能而在农田景观中建立的多功能人工森林生态系统。农田防护林有助于减缓强风，改善特定区域的农田小气候，保证农作物丰产、稳产，还可以有效防治水土流失、控制面源污染、保护物种多样性、减少农药喷洒和化肥的扩散，同时又是生物的栖息地和迁移廊道。但目前农田防护林存在树种趋于单一，乡土植物较少，养护不到位等问题（图6-29、图6-30），大大降低了农田防

图6-29 防护树种单一

图6-30 农田坡面裸露严重

护林降低风速、减小土壤风蚀、提高土壤肥力、平缓温湿变化以及增加农田生物多样性的生态长效防护功能。

农田防护林一般采用单行或多行乔、灌木营造的防护林带，防护林带之间相互衔接为网状即农田防护林网。农田防护林常结合沟渠道路及村庄围合带进行营建。防护林建设必须考虑到五个关键要素：方向、连续性、高度、密度和长度。生态景观要点包括：①维系和加强农田格局的空间格局和视觉特征，林地应该与树篱、未耕地、物种丰富的草地和水体等栖息地连接起来，形成生态基础网络；②椭圆型防护林较好，中间可以种植1～2行高大的乔木、两侧是灌木构成的植物篱，通过不同冠层的树种选择和乔木行距大小使林地具有渗透性或半透性，防止湍流出现；③尽量选择乡土树种，以耐污染、耐水湿、耐干旱的乡土高大落叶乔木为主，落叶、常绿相结合，乔、灌木合理配置，推进生态（植物群落）、景观（多样化）建设，合理确定主栽基调树种、骨干树种、配置树种，开展生态经济型、生态景观型、生态园林型等多种模式的防护林建设。

针对北京市道路和防护林树种单一、残缺断带等情况，在原有乔木建设的基础上，重点开展灌木和草本植物景观的生态型、园林型配置。植物篱的选择要具有适应性好、生长快、耐收割和多功能性的植物，而且要用地方乡土植物，并根据场地条件确定宽度、植物配置和高度。以顺义区赵全营万亩方为例，当地2016年开展了防护林乔、灌、草修复，对有残缺的防护林进行修复，补充种植月季、碧桃等，裸露地面覆盖马蔺、地被菊等，形成乔、灌、草结合的防护林景观。

二、农田护坡技术

景观生态田坡面防护技术以植被护坡为主，植被护坡是以坡面长期稳定为目的，以保护当地自然植物群落结构、恢复生态系统、防治水土流失、减轻管理工作量为宗旨，靠植物根系与土壤之间的附着力以及根系之间的相互缠绕来达到加固边坡目的的一种护坡形式。植被护坡可以涵养水源、减少水土流失，还可以有效地净化空气、保护生态、美化环境，具有多种生态效益。

农田护坡技术要注意对道路边坡比小于1 : 1.5的边坡采用植被覆盖，坡度较缓的边坡以草本地被为主，同时乔、灌、草搭配种植，坡度较陡的边坡以草、灌木为主；植物种类应适合当地的气候和土壤条件，抗逆性强、耐粗放管理、地上部较矮、根系发达、生长迅速，能在短期内覆盖坡面的多年生植物或自播能力较强的越年生植物。农田常见的护坡包括农田边坡防护和沟渠护坡。

（一）农田边坡防护技术

农田边坡常见于坡地或山地农田周边的坡面。以灌草组合模式为宜，固土效果更好，例如房山区天开花海的5种组合模式，包括野花组合、迎春+绣线菊、胡枝子、锦带、锦带+胡枝子+野甘菊（图6-31）。也可以进行草本植被护坡，例如匍枝委陵菜和八宝景天，不但具有良好的覆盖效果还具有极佳的越冬覆盖能力，移栽第二年覆盖度分别达到100%和95.67%，能有效减少农田水土流失，可作为主推的护坡植物推广。密云区蔡家洼玫瑰情园在山体坡地种植匍枝委陵菜、八宝景天、猫薄荷、狼尾草、斑叶芒等覆盖作物，覆盖效果、观赏性和水土保持的效果都非常好（图6-32）。

图6-31　天开花海护坡　　　　　　图6-32　玫瑰情园护坡

（二）沟渠护坡技术

北京平原大田周边常配备有排水渠，一般坡度较大，土质不佳且杂草较多。高大的杂草可能会影响暴雨时沟渠的排水效果。因此，沟渠护坡植物应选择抗逆性强、根系发达、株高较矮、能在短期内覆盖坡面的多年生或自播能力较强的一、二年生乡土植物。实践表明，豆科中白三叶、紫花苜蓿和小冠花长势较好，越冬及第二年返青较好，适合进行沟渠护坡种植。以2016年顺义区赵全营生态沟渠建设示范为例，该区域设计示范了具有水土涵养功能的"毛地黄+车前+抱茎苦荬菜"组合、具有污染治理功能的千屈菜+求米草+泥胡菜组合，具有吸引天敌功能的匍匐委陵菜+绒毛草+鸭茅组合以及具有授粉提升功能的蛇莓+野甘菊+紫花地丁组合（图6-33、图6-34）。

图6-33　沟渠护坡

图6-34　沟渠护坡

第七章

SEVEN

NÓNGTIAN SHĒNGTAI JINGGUAN GOUJIAN JISHU YU SHILI

北京农田生态景观建设实例

第一节 平原大田景观建设实例

一、建设目标

平原大田生态景观是平原区大田与周边沟路林渠等半自然生境构成的景观综合体。其建设以周年覆盖、景观多元化和生物多样性为目标，构建"田成形、树成景、地力均、无裸露、无撂荒、无闲置"整齐一致兼有多样性的田园式景观。

二、建设内容

在农田内部示范生态观食兼用型品种、设计周年覆盖茬口，生产型田块主推粮经作物，观赏型田块主推花卉作物，示范周年覆盖、作物搭配、景观轻简栽培、景观创意等技术；在农田边界主要示范农田缓冲带、农田坡面防护、农田生态道路、生物岛屿等技术，增加农田边界的生物多样性。

三、建设实例

（一）顺义区赵全营镇万亩方

1.基础条件

顺义区赵全营镇万亩方位于顺义区赵全营镇去碑营村，规模化种植小麦和玉米，现代农业设施质量高，但农田周边沟渠地表裸露，现有防护林带存在残缺问题。

2.建设内容

顺义区赵全营镇万亩方园区围绕小麦、玉米集约种植模式，2016年开展了生态提升建设。一是开展了生态沟渠修复（图6-34），种植了野花组合、孔雀草、大花马齿苋等株型低矮、根系发达、固土能力强、耐瘠薄的一年生草本植物进行试种，为害虫天敌提供栖息地；二是开展了防护林乔、灌、草修复，对

图7-1 顺义区赵全营万亩方农田缓冲带建设效果

有残缺的防护林进行修复，补充种植月季、碧桃等，裸露地面覆盖马蔺、地被菊等，形成乔、灌、草结合的防护林景观。2018—2019年又开展农田缓冲带技术示范，在农田两侧种植约2m宽的野花组合条带（图7-1），示范长度约2km。野花组合带观赏期从7月底持续至10月中旬，提升了粮食作物田周边的景观水平，同时通过野花组合丰富的物种，增加了农田生态系统的生物多样性，促进了农田经济、景观和生态等多重价值的实现。

（二）顺义区大孙各庄镇示范田

1.基础条件

博特园景观田位于顺义区大孙各庄镇王户庄村，占地800亩，最早属工业用地，后改为农业用地，以玉米籽粒和牧草生产为主。随着北京市畜牧业的逐步退出和玉米种植面积的调减，该园区不得不面临种植结构调整的局面。

2.建设内容

博特园景观田园区2016年针对原有小麦、玉米轮作模式开

展生态景观提升。一是改变种植结构，秋季种植冬油菜、夏季种植向日葵，形成黄色花海景观，带动20万游客观景赏花；二是开展农田缓冲带建设，在农田边界种植地被菊、天人菊等宿根菊类，兼具景观和授粉提升功能。

园区2017年建立景观品种展示基地，开展大田生态景观建设示范。引进药用植物、花卉、油料、杂粮四大类景观作物41个种类，形成了物种丰富、色彩多元的农田景观；示范油菜和向日葵规模花海景观，吸引了大量游客前往游览；示范条带景观，以大豆和粉色荞麦间作，形成生产型彩色条带景观；示范廊架景观，种植了软枣猕猴桃和8个观赏南瓜品种；示范农田缓冲带，在农田周边构建了野花组合和地被菊为主的农田缓冲带，吸引了大量授粉昆虫和天敌，增加生物多样性；示范合理轮作模式，以大豆和荞麦等与苜蓿进行轮作。园区较2016年增加客流量1.5万人次、新增收入1.5万元左右。根据项目监测结果，实施生态景观技术措施的地块，天敌总数比未实施的地块增加6.93%。

园区2018年重点建设油料作物示范区和药材作物示范区。油料作物重点示范油菜、向日葵品种，中药材示范区以牡丹、芍药、连翘、黄花菜等观赏型中药材和桔梗、藿香、蒲公英、板蓝根等药食同源类中药材为主，打造以药材为主题的特色展示园区。共计引进芍药品种21个，紫苏品种30个，同时制作中药材二维码标识牌，提升游客观赏体验。在园区周边种植野花组合、矢车菊等多年生观赏作物，提升园区整体效果。园区通过中药材种类丰富，达到了三季有花的观赏效果：春季可赏欧李、连翘、牡丹、芍药，夏季可赏黄花菜、彩色紫苏，秋季可赏金银花、菊花等景观。当年观赏期从4月初持续到10月底，持续211天。

园区2019年重点示范周年覆盖技术和农田缓冲带技术。前者上茬种植油菜，下茬种植向日葵，实现示范田周年覆盖率

100%；对农田缓冲带进行合理管护。图7-2为顺义区大孙各庄镇农田生态景观建设效果。

秋季缓冲带效果

荞麦大豆套种模式

芍药花海效果

油菜花海效果

图7-2　顺义区大孙各庄镇农田生态景观建设效果

（三）顺义区北小营镇水稻示范田

1.基础条件

园区位于顺义区北小营镇前鲁各庄村，2016年开始恢复水稻种植，占地面积210亩。水稻田视野开阔，交通便利，周边张勘博物馆有历史传承与文化积淀，适合发挥农业的科普与旅游休闲功能。

2.建设内容

2017年，园区开展稻田系统生态景观示范，在稻田周边种植了道路植物组合作为农田缓冲带，在田埂上种植大豆进行覆盖，打造生态田埂。通过农田缓冲带和生态田埂的打造，结合园区的稻鸭共生、稻鱼共生模式，形成了典型的生态稻田种植模式，根据项目监测结果，园区实施生态景观技术措施后，授粉昆虫增加15.7倍，天敌总数比未实施的地块增加18.60%。通过前茬油菜绿肥的种植，形成了春季花海景观。

园区2019年春季示范油菜规模花海景观，花后翻耕入地作为绿肥；夏季示范农田缓冲带，在稻田周围田埂上种植草花组合，形成覆盖的同时增添稻田色彩，增加稻田生态系统的生物多样性。园区通过春季油菜花海景观、夏季多彩稻田景观、秋季金黄稻田景观，形成三季有景。图7-3为顺义区北小营镇农田生态景观建设效果。

农田缓冲带　　　　　　　　　　生态田埂

油菜花海　　　　　　　　　　农田缓冲带

图7-3　顺义区北小营镇农田生态景观建设效果

（四）大兴区榆垡镇示范田

1.基础条件

园区位于大兴区榆垡镇，为机场流转土地，暂时作为农田，需要形成周年覆盖、减少扬尘，但不适合种植投入成本较高的多年生作物，以免机场征用土地时损失过大。

2.建设内容

园区2017年示范规模花海景观，种植投入较低的冬油菜和向日葵，营造黄色花海景观的同时形成周年覆盖；示范创意图形景观，以油葵、观赏葵为主，辅以部分药用植物、荞麦等，在大地上绘制巨幅中国地图（图5-37）；示范农田缓冲带，在农田周围种植硫华菊和野花组合，提高系统的生物多样性。图

图7-4　大兴区榆垡镇农田缓冲带建设效果

7-4为大兴区榆垡镇农田缓冲带建设效果。

（五）大兴区礼贤示范田

1.基础条件

园区位于大兴区榆垡镇，为机场流转土地，暂时作为农田，需要形成周年覆盖、减少扬尘。但不适合种植投入较高的多年生作物，以免机场征用土地时损失过大。

2.建设内容

园区2017年示范规模花海景观，上茬种植冬油菜，下茬种植早熟向日葵，实现周年覆盖；在农田周边种植道路植物组合，进行道路美化和景观提升。园区通过景观的提升，较2016年新增客流量0.2万人次，新增收入34万元。园区2019年示范条带景观技术，种植粉、黄、橙等不同色系的百日草，形成了富有

视觉冲击力的色带景观效果；示范周年覆盖技术，秋季播种冬油菜，在冬春季节形成植被覆盖，夏季种植荞麦、向日葵和草花等观赏植物，实现示范田周年覆盖率100%，并且营造了一年四季、三季有花的景观效果；示范农田缓冲带技术，在农田及道路周边种植硫华菊、野花组合等，不仅在农田和道路中间形成了隔离、减少来往车辆尾气排放对农作物的影响，还提升了整体环境的景观，增加了农田生态系统的生物多样性。图7-5为大兴区礼贤农田生态景观建设效果。

图7-5 大兴区礼贤农田生态景观建设效果

（六）大兴区魏善庄镇示范田

1.基础条件

园区位于大兴区魏善庄镇魏善庄村，面积200亩左右。土地平整、形状规则，之前种植小麦和玉米。魏善庄村拟打造一个景观作物品种园，向其他区域推广景观作物品种。

2.建设内容

园区2017年示范创意图形景观，用道路将农田进行"切割"，形成八卦图案，种植不同景观作物品种，打造景观作物品种展示基地；示范农田缓冲带，在道路周边种植野花组合。

园区2018年对园区的品种进行了梳理分区，设计茬口，打造三季可看的景观作物品种园。春季示范油菜和荞麦间混作景观，黄粉相间、色彩效果独特。夏季示范农田缓冲带，在沟渠种植荷花，道路两侧种植向日葵、野花组合、油用牡丹等，丰富农田周边色彩。在农田内部展示千屈菜等多年生景观作物，在造景的同时形成周年覆盖；展示高粱、荞麦、芝麻等具有一定经济价值的景观作物，在造景的同时形成一定的种植收益；示范创意图案营造技术，以千屈菜和黑心菊构成八卦图案。通过一年时间，明确了园区格局，形成粮食作物区、油料作物区等6大区块。

园区2019年通过三项技术推进农田生态景观建设。一是示范周年覆盖技术，种植蓝香芥、油菜花等越年生植物，种植蓝亚麻、景天三七、千屈菜、松果菊等多年生植物，在冬春季节形成植被覆盖；二是色彩搭配技术，春季蓝紫色系的蓝香芥、蓝亚麻与黄色的油菜搭配，夏季紫色的千屈菜、粉色的松果菊和黄色的景天三七搭配，营造了一年四季、三季有花的景观效果；三是农田缓冲带技术，在田间道路两侧种植地被菊，形成周年覆盖的同时，还能在秋季开放，增补一季农田景观，提高生物多样性，提升整体环境的景观。图7-6为大兴区魏善庄镇农田生态景观建设效果。

八卦图

蓝香芥

蓝亚麻

松果菊

千屈菜　　　　　　　　　　农田缓冲带

图7-6　大兴区魏善庄镇农田生态景观建设效果

第二节　山区田园景观建设实例

一、建设目标

山区田园生态景观是山区沟域中农田及其周边的半自然生境，与周边的自然山水交相呼应形成的景观综合体。山区田园生态景观以山区沟域为整体单元做好产业—景观—生态一体化规划，以营造与周围自然山水和谐统一的农田景观。

二、建设内容

农田内部主推耐旱、耐贫瘠、富有乡土气息的作物种类。以生产为主的农田主推向日葵、杂粮杂豆、药材等传统耐旱节水的粮经作物，以乡村旅游为主的农田主推观赏价值高的乡土花卉作物。农田内部示范的技术包括轻简栽培技术、作物搭配技术、立体景观技术、景观创意技术等。农田边界重点示范农田缓冲带工程和坡面防护工程等技术工程。

三、建设实例

（一）房山区韩村河镇天开花海

1.基础条件

天开花海位于房山区韩村河镇天开村，面积1 000亩，种植了马鞭草、百日草、孔雀草、波斯菊、一串红、兰花鼠尾草、油菜花、油葵等景观花卉作物20余种，组成了色彩艳丽、层次分明的景观效果，形成4—11月三季有花的景观农业。园区主要问题一为土面道路干燥时易扬尘、下雨时不易通行；二为裸露边坡和边角地较多；三为农田生物多样性需要进一步增加。

2.建设内容

2016年园区根据该点层次丰富的地形和种植现状，对300亩核心区进行了农田生态景观的详细规划设计（图7-7）。在生态建设方面，一是进行了道路生态化改造，对原有凹凸不平、有车辙的道路进行了平整，根据道路性状，示范建设了生草砂石路、嵌草砖路、砂石路和泥结石路4种路面模式（图6-23至图6-26），减少了路面扬尘；二是开展了景观植物篱建设，在农田周边种植锦带花、胡枝子等植物，形成空间隔离，保护农作物；三是开展了农田缓冲带建设，在农田周边设置草本缓冲带，主要种植多样化的蜜源植物，为授粉昆虫和害虫天敌等生物提供生境，增加生物多样性，同时提升景观质量；四是进行了边坡覆盖，在农田边坡种植了宿根作物，起到稳固坡面、防止水土流失的作用；五是生物岛屿建设，在农田中间设立免耕区域，种植绣线菊和青葙，与原生植物共同形成多样化的生物生境，提高农田的授粉和害虫控制功能；六是过滤带建设，通过观赏草、芦苇等湿生植被的补种和养护，在池塘周边形成半自然生境的过滤带，缓解面源污染，在坑塘周边种植委陵菜等根系发达的植物，配合环形草花小品形成休憩驳岸，起到保持水土、过滤污染物的作用，同时形成水景与农田景观的过渡；七是演替生境的开发与管理，在部分荒废地、边坡地及部分林下地通过人为干预，去除恶性杂草，种植山杏＋碧桃＋波斯菊、太平花＋紫花苜蓿，构建乔、灌、草结合的植物群落结构，提高群落稳定性和生境质量。在景观建设方面，一是开展了景观作物品种示范，引进种植红蓖麻、百日草、波斯菊、硫华菊等20余种景观作物；二是进行规模花海景观示范，春季黄色油菜花海、夏季野花组合多彩条带景观、秋季地被菊景观，一年三季有花可赏。

图7-7　房山区天开花海2016年农田景观建设效果

2017年，园区在景观方面，示范规模花海营造技术，推行油菜、马鞭草、地被菊等品种的规模种植；示范条带景观，春季以郁金香，夏季以矮牵牛和百日草，通过不同颜色品种搭配，营造彩色条带景观；农田内部景观形成了周年覆盖、三季有景的效果，其中春季形成以冬春油菜为主、辅以郁金香条带景观，夏季以矮牵牛条带景观、百日草条带景观、马鞭草规模景观为主，秋季以地被菊景观为主。在生态方面，示范农田护坡，以天人菊、蓝亚麻、石竹等多年生植物与原生植被共同构成高覆盖度、高稳定性的护坡植被；示范农田缓冲带，在2016年的基础上，对原有农田缓冲带进行补充，种植百日草、波斯菊、道路组合等显花植物，使得农田缓冲带初具规模，起到吸引授粉昆虫和天敌的作用；示范生物岛屿、过滤带、演替生境开发与管理以及景观植物篱，对原有生态景观工程进行管护；示范周年覆盖模式，包括春油菜—草花—春油菜、冬油菜—马鞭草、地被菊等多年生植物，园区冬春季覆盖率达到85%左右（图7-8）。

郁金香条带景观   矮牵牛条带景观

演替生境开发与管理   生物岛屿

农田缓冲带   景观植物篱

图7-8 房山区天开花海2017年农田景观建设效果

2018年，园区在农田内部示范了规模花海景观，春季油菜景观、夏季草花景观、秋季地被菊景观，三季有景；示范了条带景观种植，通过多品种、多花色、不同花期的作物，最大限度延长有效观赏期，营造出多彩的"彩虹花田"景观。在农田边界方面，重点开展了生物多样性缓冲带、保护水体过滤带和空间隔离带3类植被带建设，对于具有一定高差的地块边缘，开展了生态护坡建设，进行了2类护坡打造，针对地势较缓的田边坡面主要开展了自然植被搭配草花组合的自然护坡打造，针对地势较陡的坡面主要开展了土地整理并栽种了委陵菜、天人菊及观赏草等宿根类植物，起到固着土壤、防止水土流失的作用，同时在倒茬期间形成了景观遮挡从而提升了园区的整体景观效果（图7-9）。

条带景观 农田缓冲带

图7-9 房山区天开花海2018年农田景观建设效果

2019年，园区进行了转型，由传统花海景观转为乡野气息的农田景观，景观上也配合主题进行侧重点的转移。一是示范周年覆盖技术，种植冬油菜和蓝香芥等，进行越冬覆盖；二是示范条带景观技术，以不同颜色的硫华菊和波斯菊进行条带种植；三是示范生态道路工程技术，采用非硬化的路面+生草覆盖；四是示范农田缓冲带技术，在农田周边种植野花组合。整体上以春、秋两季为主，营造生态、朴野的景观风格（图7-10）。

冬季油菜覆盖

冬季蓝香芥覆盖

秋季波斯菊花海

秋季硫华菊花海

生态道路工程

农田缓冲带

图7-10 房山区天开花海2019年农田景观建设效果

（二）房山区周口店镇娄子水村生态观光园

1.基础条件

园区位于房山区周口店镇娄子水村，面积2 000亩。园区为浅山区，包括梯田、大田等多种类型农田，种植玉米、谷子等传统大田作物以及苹果等果树，正值从传统种植业转型发展休闲农业的新阶段。

2.建设内容

2018年，园区打造以乡土风光、乡土杂粮、乡村味道为主题的农业观光园。打造的农业观光园整体规划设计分为粮经作物生产区、观光休闲区、农事体验区、餐饮区和葡萄采摘区5个部分，重点对观光休闲区、餐饮区和农事体验区进行景观提升。在观光休闲区，春季种植春油菜，搭配其他颜色的早春开花花卉，营造色彩丰富的梯田油菜景观；以硫华菊间作地被菊、橙绿相间的条带景观为主，农田周边道路两侧等种植野花组合作为缓冲带。秋季以向日葵梯田景观、地被菊彩色条带景观和白色荞麦花海等秋收杂粮景观为主；在荒坡地铺设草皮、栽种观赏花卉、修建休憩凉亭，营造了绿意盎然、色彩丰富的草坪休憩环境。在农事体验区，引进高粱品种4个、食葵品种2个、芝麻品种4个、豆类品种10个、花生品种5个、红薯品种7个，在秋季供亲子家庭采摘体验。在餐饮区，打造乡村大食堂前的小景观，坡上种植观赏向日葵，坡下种植地栽蔬菜和藤本豆廊架、形成蔬菜田园景观。园区初步完成了从种植玉米、小麦为主的普通农田的组合到三季有景可观的生态观光园的初步转型（图7-11）。

油菜梯田景观　　　　　　　　　条带景观

荞麦花海　　　　　　　　　　谷子景观

道路景观提升　　　　　　　蔬菜景观小品

图7-11　房山区娄子水村生态观光园2018年农田景观建设效果

2019年，园区进一步明确了主题定位、开展园区的整体规划设计，一是杂粮景观区、油料景观区、杂粮杂豆体验区等；二是示范创意景观技术，以谷子和红色百日草组成"1949—2019"字样；三是示范色彩搭配技术，大豆、荞麦、花生、谷子、油葵等地块搭配种植，形成大色块；四是示范农田缓冲带技术，在农田周边种植硫华菊、波斯菊、百日草等；五是示范生态护坡技术，在陡坡上开水平沟种植矮生硫华菊等；六是示范产业融合技术，围绕粮经作物主题，举办了赏秋景、享歌舞、采秋食、逛大集、观民俗等活动，通过创意景观技术和产业融合技术，提高了园区的社会影响（图7-12）。

大地书法俯瞰图　　　　　　大地书法近景

色彩农田　　　　　　　　　农田护坡

农田缓冲带　　　　　　　　农田缓冲带

图7-12　房山区娄子水村生态观光园2019年农田景观建设效果

（三）房山区十渡镇西河村水稻示范田

1.基础条件

园区位于房山区十渡镇西河村蓝漪庄园。占地百余亩，配合园区内的其他农业景观、水上娱乐项目等，形成集餐饮、住宿和娱乐为一体，且具有一定特色的休闲农园园区。园区的需求是在景观中融入创意构思，同时提升园区的生态环境。

2.建设内容

2016年，园区在生态提升方面，利用苜蓿、石竹等植物打造农田缓冲带，提升粮田授粉功能；在景观方面，以"展翅的鸟"为意象，利用普通水稻和紫色水稻，打造生态环保主题创意景观。

2017年，园区开展稻田系统生态景观示范，示范生态创意图形景观，以紫色水稻和普通水稻为材料，以农田为画布，打造三角形组合抽象图案（图7-13）；在稻田周边种植道路组合，示范农田缓冲带，起到吸引天敌的作用。

图7-13　房山区十渡镇西河村水稻示范田三角形组合抽象图案

（四）房山区十渡镇马安村

1.基础条件

该村属于北京市低收入村，种植作物以玉米为主。为了开展红色旅游，拟提升山地景观质量水平，吸引游客。

2.建设内容

2018年，该村园区营造百亩油葵梯田景观，提高种植收益；开展行道景观美化和边角地覆盖，在行道两侧和边角地种植草花组合、百日草等，提升园区景观。通过初步摸索，形成了百亩葵园景观，观赏期从5月28日持续至8月27日，共91天，仅6—8月就吸引各地游客1 200余人，带动低收入户30户47人就业。房山区十渡镇马安村向日葵景观与道路景观提升见图7-14。

图7-14 房山区十渡镇马安村向日葵景观与道路景观提升

（五）密云区太师屯镇人间花海

1.基础条件

人间花海观光园位于北京市密云区太师屯镇车道峪村，距市区110km，距京承高速23号出口仅3km，园区紧邻古北水镇、雾灵西峰、遥桥古堡等著名景区；是密云区东线旅游的起始点。观光园占地500余亩，是以"花海、爱情地、水中薰衣草"为主题，集农田观光、农艺体验、香草产业、水上娱乐、欧式木屋住宿、特色餐饮于一体的现代化休闲农庄。园区四面青山环抱，源自雾灵山的安达木河水清澈穿流而过，中心区域种植了大片的四季薰衣草、马鞭草、百日菊、向日葵、醉蝶等20余种鲜花，形成了青山为体、碧水为魂、花海如烟的人间美景。

2.建设内容

2016年，园区重点开展了农田边界、林下套播、生态浮床等生态景观提升技术示范。同时示范了"覆膜抑草+生草覆盖"集成技术，覆膜面积占整个园区种植面积60%以上，地膜全部回收。

2017年，园区开展花卉田生态景观建设。示范条带景观，以马鞭草、一串红、鼠尾草等组成大尺度条带景观；示范斑块景观，以马鞭草、翠菊、鼠尾草、一串红等组合搭配、块状种植；示范林下景观，在苹果树行间种植向日葵、草花等显花植物进行覆盖，吸引授粉昆虫；示范农田缓冲带，在花田周边种植矮秆向日葵和野花组合等；示范覆膜抑草技术，在花卉种植过程中进行厚膜覆盖，减少人工投入。通过条带景观、斑块景观的示范，提升了园区的景观吸引力，园区较2016年提升客流量1万人次、增加收入200万元。园区通过林下覆盖、农田缓冲带的示范，较对照增加天敌总数7.76%，授粉昆虫增加28.11%。通过覆膜抑草技术，每亩减少26个工日，实现亩节本2 600元。图7-15为密云区人间花海生态景观建设效果。

条带景观

斑块景观

农田缓冲带

林下覆盖

图7-15　密云区人间花海生态景观建设效果

(六)密云区巨各庄镇玫瑰情园

1.基础条件

玫瑰情园位于密云区巨各庄镇蔡家洼村,面积1 500多亩,以玫瑰为主题,种植有多个玫瑰品种,是北京首家集休闲观光、产品展销、农业科普及徒步健身为一体的多功能主题公园。

2.建设内容

2016年,园区在景观建设方面,设置了等高花篱,在月季梯田周边种植百日草等夏花作物,弥补夏季月季花量少的景观淡季;在生态提升方面,在山体坡地种植匍枝委陵菜、八宝景天、猫薄荷、狼尾草、斑叶芒等覆盖作物,提高坡地的景观性并减少水土流失。

2017年,园区开展农田护坡示范,在坡地上种植百日草、猫薄荷、景天三七、观赏草等,起到水土保持的作用。园区通过农田护坡植物的种植,较对照增加授粉总数52.71%;通过多年扶持,园区较2016年提升客流量10万人次、新增收入300万元。

2018年,园区重点示范展示了生态护坡、等高花篱及周年覆盖技术。针对该示范点依山而建、多坡面多梯田的现状,在前2年的工作基础上引进了地被菊、观赏草等抗性好、耐瘠薄的宿根作物,巩固了山体的生态护坡,进一步扩大裸露土坡的覆盖范围,可以起到固着土层、提升景观两重效;同时针对月季梯田7—8月花量降低的问题,沿梯田边种植1.5m宽的草花带,形成等高花篱,弥补月季观赏淡期的缺憾,延长了梯田的观赏期;在东坡种植了草花组合和宿根花卉,起到防风固沙的作用(图7-16)。

观赏草护坡　　　　　　　百日草护坡

图7-16　密云区玫瑰情园生态景观建设效果

（七）延庆区康庄镇野鸭湖湿地保护区

1.基础条件

野鸭湖湿地保护区位于延庆区康庄镇，是北京最大的湿地自然保护区，也是唯一的湿地鸟类自然保护区。保护区建设区域为原苜蓿种植地和园外东侧荒地，前者需改变种植制度重新变为湿地，后者需要恢复种植。

2.建设内容

2016年，园区以野鸭湖东侧配套农田为本底，一是开展景观作物品种展示，种植蔬菜、油料、药材及花卉作物共计50余个品种，形成了丰富多样的生态景观田，不但提高了农田的景观效果多样性指数，又可作为植物科普认知展示平台开展教育活动；二是开展农田边界建设，在农田边界种植黄色万寿菊，提高授粉功能；三是建设生物岛屿，将黍子、芝麻、豆类等鸟类喜食作物种植于农田中心形成板块状生物岛屿，秋季整株留田，为过境候鸟提供食物，同时可为部分天敌提供越冬栖息地；四是开展荒废地生态修复，在有阳光直射地块种植了8种组合草花形成优美的条带景观，在林下种植耐阴生组合花卉形成良好的覆盖。

2017年，保护区建立农田多样性保护示范区。在试点区段内通过地形的整理,打造出起伏的岛屿和浅滩湿地;在生物岛屿中部种植豆类、牧草、燕麦等乡土农作物作为食物源为过境鸟类提供补给;在生物岛屿外围水线以上位置安排种植委陵菜、金莲花、狼尾草等乡土作物,既可以起到巩固土壤防止水土流失的生态护坡作用,又可以形成充满野趣的郊野景观;在生物岛屿周围水线以下位置点片种植水稻、千屈菜等湿生植物,结合原生的芦苇、香蒲形成自然优美的浅滩植被带,可以起到过滤营养富集成分净化水质的功能,同时还可以为鸟类提供浅滩觅食场所和部分食物。通过生物岛屿建设,吸引了鸟类筑巢,新观测到鸟类40多种,原来只有百十只灰鹤,后来经过观测到了2 000多只。图7-17为延庆区野鸭湖湿地保护区2017年农田缓冲带和生物岛屿建设效果。

图7-17 延庆区野鸭湖湿地保护区2017年农田缓冲带和生物岛屿建设效果

2018年,保护区重点开展农业生物岛屿建设和景观带建设,其中农业生物岛屿建设方面继续在去年建设的基础上进一步提升优化,将鸟类觅食源面积扩大,生态护坡进行养护和修补,使该岛屿的建设能够更好服务于野生鸟类栖息和觅食,并提高环境友好度和可持续性;景观带建设重点围绕湿地试验区环湖路部分节点开展,在提升景观丰富度的同时增加生物多样性。通过3年的建设,园区外部的景观带种植效果日趋稳定,吸引大量游客观光拍照，解决了土地裸露问题；园区内部的鸟类觅食的生物岛屿建设已经形成了道路植被缓冲带（观赏草、一年生草花）、生态护坡（匍枝委陵菜）、过滤带（千屈菜）、食物源作物（燕麦）的仿自然植被层，呈现出自然和谐的田园湿地景观。图7-18为延庆区野鸭湖湿地保护区2018年农田缓冲带建设效果。

图7-18　延庆区野鸭湖湿地保护区2018年农田缓冲带建设效果

（八）延庆区环四季花海沟域

1.基础条件

四季花海沟域西起刘斌堡乡刘斌堡村，东至珍珠泉乡南天门村，途经刘斌堡乡、四海镇和珍珠泉乡，最后向北延至千家店镇百里山水画廊闭合，是北京市重点建设的7条沟域之一，农田生态景观建设的主要内容是裸露地的覆盖。

2.建设内容

2017年，该沟域以山区梯田或小块地的景观生态覆盖为主，重点示范生态护坡、景观植物篱、周年覆盖、复合种植等生态景观技术。其中珍珠泉乡重点以八亩地村的复合式梯田为主，重点示范生态护坡、景观植物篱、复合种植，同时结合花卉广场建设进行部分品种的展示；刘斌堡乡重点以示范生态护坡、景观植物篱、周年覆盖为主；千家店镇重点以一年生景观作物种植结构调整改种覆盖型宿根作物菊花及多年生湿地植物千屈菜为主，配合部分草花组合；四海镇重点结合茶菊、地被菊种植进行生态地膜示范及农田边际缓冲带种植。经监测，实施生态景观技术措施的地块，天敌总数比未实施的地块增加25.61%。

（九）延庆区香营艾在杏乡

1.基础条件

艾在杏乡位于延庆区香营乡新庄堡村。该村属于北京市低收入村，近年来发展艾草产业。围绕艾草，开展种植、加工和休闲旅游。其建设重点为园区的整体规划设计、创意景观的设计和农田边界的设计。

2.建设内容

2018年，园区开展了整体规划设计，包括景观规划和盈利模式设计；开展创意图案设计，一是杏花图案采摘区，以田埂勾勒图案，农田内部种植金莲花、紫苏、薄荷、板蓝根等药食同源植物，供游客采摘；二是百日草迷宫，以百日草勾勒迷宫图案，增添农田景观的趣味性；三是开展农田缓冲带建设，在农田周围条带种植地被菊，提供覆盖的同时增添色彩、增加生物多样性。园区观赏期从6月15日持续至9月26日，共103天。通过第一年的景观建设，园区吸引游客2 400人；因农造景，以景促旅，协助推动艾草产业，创收35.2万元（图7-19）。2019年，园区在村口闲置地开展色彩搭配技术示范，种植不同色系的百日草和地被菊，成了色彩丰富、富有视觉冲击力的景观效果，观赏期从6月下旬持续至9月下旬。

杏花图案采摘区　　　　　　　　　　百日草迷宫

百日草色彩景观　　　　　　　　　地被菊周年覆盖

图7-19　延庆区艾在杏乡农田生态景观建设效果

（十）延庆区永宁镇西山沟村药材示范点

1.基础条件

该村属于北京市低收入村，种植作物以药材和果树为主，拟形成采摘、康养、赛车等为一体的休闲农业园区。建设重点为丰富药材品种、优化作物茬口设计和提升农田边界景观。

2.建设内容

2019年，园区种植黄芩、射干、桔梗、知母等观赏性较好的药材种类，重点示范了林药间作等技术，提升观赏体验；在中药材农田边界、道路两侧种植野花组合等观赏型作物，丰富了园区的色彩，提升园区整体观赏效果；开展产业融合技术示范，围绕药用植物开展主题体验活动，包括赏百草、画百草、食百草等，带动了该村开始休闲农业方面的探索，为今后发展药材产业拓宽了增收渠道（图7-20）。

射 干　　　　　　　　　　桔 梗

行道景观提升　　　　　　　农田缓冲带

画百草活动　　　　　　　　食百草活动

图7-20　延庆区西山沟村农田生态景观建设效果

第三节 设施园区景观建设实例

一、建设目标

设施园区生态景观是设施农业园区中露地大田、生产设施及其周边的半自然生境构成的景观综合体。其建设目标为构建布局合理、景观生态、无裸露、无闲置的设施园区生态景观，改变传统生产型设施园区单一僵化的景观效果，打造优质休闲环境，促进生产型园区功能向休闲、科普等多元功能方向发展。

二、建设内容

重点开展裸露地治理、行道景观设计和卫生环境整治，主推周年覆盖技术、农田生态道路工程技术。生产型园区在覆盖时主推经济型花卉和大豆、花生等能产生直接经济效益的作物；伴有休闲功能的园区可选择观赏价值较高的植物或观食两用药材以供采摘或作为接待游客的特色食材。

三、建设实例

（一）通州区潞城镇北京国际都市农业科技园

1.基础条件

该园区占地1 000亩，以科普展示和休闲观光为主，是全国科普教育基地，北京市农业科技成果转化、实用技术人才培训基地，国际设施农业展示示范基地和全国青少年科普基地。园区主要种植蔬菜和果树，多数棚室周围有植被覆盖，道路两侧种植观赏性苹果树，果林有地布覆盖。但绿化植被以普通观赏植被为主，缺乏特色。

2.建设内容

2018年，园区以增强景观性、采摘体验为目的进行设计，并与休闲旅游相结合，打造花园式园区。园区通过种植板蓝根、蒲公英、桔梗、紫苏等药食同源作物，增加互动体验的场景，丰富了采摘体验类型；道路两侧种植观赏芍药、野花组合、羽衣甘蓝等景观作物，提升园区整体景观效果；通过观赏、药用两类作物的融合，让游客能更好地融入生态，融入自然，使园区成为"有看头、有玩头、有吃头"的综合性农业园区。通州区潞城镇北京国际都市农业科技园道路景观提升见图7-21。

图7-21　通州区潞城镇北京国际都市农业科技园道路景观提升

（二）昌平区流村田园盛业农业专业合作社

1.基础条件

该园区占地100亩左右，多数棚室用于芍药等中药材种苗种植，处于休闲和科普功能的转型阶段，主要问题包括日光温室周边地表裸露、道路两侧和边角地裸露。

2.建设内容

2018年，园区在入园葡萄廊架补充种植紫藤、藤本月季等开花藤本植物；在道路两侧及边角地种植草花组合、蒲公英、瞿麦等进行美化，观赏期从6月初持续至8月中下旬；在棚当周边空闲地种植薄荷、紫苏等药食兼用植物进行覆盖，覆盖度

90％以上；在池塘围栏种植藤本月季进行遮挡。

（三）通州区北京碧海圆农业生态观光园

1.基础条件

该园区以休闲、餐饮为主，主干道两侧安装有大量科普展示牌，设施周围道路有1/2种植了灌木进行绿化，设施周边80％裸露地覆盖有草皮及苗木，整体覆盖度已达到80％；园区卫生环境整洁，无闲置设施和垃圾堆砌。但其生产设施周边景观单一，棚档间存在冬春季节性裸露问题，生产区2/3行道及围墙周围存在闲置土地，需要进行生态覆盖和景观种植。

2.建设内容

园区于2016年在设施周边种植小面积观食两用作物（黄花菜）进行了景观美化和生态覆盖，改善生产设施周边单一的景观效果；在行道周边裸露地种植羽衣甘蓝进行美化，突出设施生产特色，提升景观效果；围墙周边裸露地种植耐阴野花组合，进行生态覆盖；棚档裸露地种植了花生进行覆盖。解决了部分土地的裸露问题，改善了生产区单一的景观效果，促进园区建设成为环境优美、生态友好的休闲农业园区。图7-22为通州区北京碧海圆农业生态观光园棚档裸露地覆盖。

图7-22 通州区北京碧海圆农业生态观光园棚档裸露地覆盖

（四）昌平区北京金六环农业园区

1.基础条件

该园区以科技试验示范和蔬菜生产为主。园区功能分区明确，道路系统硬化较好，道路两侧及温室设施周边局部有乔、灌、草结合的绿化带种植。但设施棚档间及周边部分地表有裸露。

2.建设内容

园区于2016年针对这部分裸露地，示范了油菜—向日葵周年覆盖模式30亩，另外种植了野花组合、黄花菜、菊花、牡丹、月季进行地表覆盖和景观提升。昌平区北京金六环农业园区道路景观提升见图7-23。

图7-23 昌平区北京金六环农业园区道路景观提升

（五）房山区北京惠欣恒泰种植专业合作社

1.基础条件

该园区以蔬菜生产为主，园区道路硬化并搭配有廊架设施，廊架种植葫芦、南瓜等观赏类攀援植物，景观效果良好。棚档间种植花卉、蔬菜等，园区覆盖度在85%以上。但园区部分边角地区堆放杂物较多，需要改善；生产设施周围景观单一；棚档间有2亩裸露地，需要景观种植；依照园区打造的"燕都郁金香节"特色，存在郁金香品种提升问题，需要选进优良品种。

2.建设内容

北京市农业技术推广平台于2016年设计种植了牡丹、芍药等多年生观赏植物，提升景观的同时起到周年覆盖的生态作用；根据园区需求，引进了郁金香品种45个，帮扶打造了郁金香节（图7-24）。

图7-24　房山区北京惠欣恒泰种植专业合作社生态景观提升效果

（六）顺义区顺沿特菜基地

1.基础条件

该园区以蔬菜和瓜类生产为主，园区分区明确，主要道路水泥硬化，道路两侧、棚档、耳房附近均有裸露地需覆盖。

2.建设内容

园区开展了一些有效的农田生态景观建设工作。一是开展棚档裸露地覆盖，种植连翘、金银花、板蓝根、黄花菜、百合等观食两用的药材以及蓝亚麻、冰岛虞美人、蓝香芥等多（越）年生花卉，提升景观的同时形成周年覆盖；二是边角地覆盖，种植马蔺、硫华菊等草花，进行覆盖和美化；三是示范道路景观美化技术，种植连翘、芍药等多年生观赏药材，配合马蔺、黄花菜等草本植物，形成灌木加草本的复合道路景观（图7-25）。

图7-25　顺义区顺沿特菜基地生态景观提升效果

第八章

EIGHT

NONGTIAN SHENGTAI JINGGUAN GOUJIAN JISHU YU SHILI

农田生态景观建设生物多样性监测

第一节　农田缓冲带功能示范与天敌保护效果研究

生态农业建设除提高生产能力外，还需要寻求农业用地和非农生境之间的协调和相互促进，恢复和提升农业生物多样性及相关的生态服务功能。农田缓冲带建设在欧美等发达国家的生态农业景观建设与管护中占据着十分重要的地位。例如，英国农场的环境管理措施（Environmental Stewardship，ES）为农户提供了针对耕地、草场、水域等景观要素的各类缓冲带建设指南；美国农业部（USDA）下属的自然资源保护服务局（NRCS）在全美范围内广泛开展了自然资源保护项目（Natural Resources Conservation Practices），制定了包括河岸缓冲带、农田边界、植物篱等多种缓冲带建设的工程技术标准，有效提升了土壤固碳、改善水质等多种生态服务功能。

我国在各类农田缓冲带的功能验证和机理探究方面研究较为丰富，包括对林草、灌草等不同结构配置的河岸、湖泊缓冲带在泥沙、氮磷拦截等生态服务功能方面的定量化分析以及田埂、植物篱、农田边界等其他农田缓冲带对水土保持、害虫—天敌调控、生物多样性保护等生态服务功能的影响分析，并探讨了各类农田缓冲带的应用价值和建设模式。然而，现有研究多为相对孤立的理论研究，没有转化为系统的建设方法体系，缺乏在一定尺度内综合考虑多种农田缓冲带及其生态服务功能类型的规划设计和示范建设，因而难以直接验证农田缓冲带技术在实践示范应用中发挥的生态服务功能效果。针对上述问题，本节以北京市都市型现代农业示范区建设项目为例，探讨了生态农业景观中农田缓冲带的规划设计方法体系，开展了景观尺度下农田缓冲带的空间布局规划、模式设计和示范建设，并针对天敌保护功能进行了效果评价，以期为现代生态农业发展提供景观尺度下空间格局规划和生态化建设的新思路。

一、研究区概况

本节以北京市都市型现代农业示范区建设项目中的沟、路、林渠与生态景观提升工程为研究案例。研究区位于北京市顺义区赵全营镇和北石槽镇境内，共涉及10个行政村，总面积为1 732hm²。研究区中农田为主要土地利用类型，占57.6%，林地资源相对较少，占14.2%。研究区地处潮白河冲积平原，土类主要是轻质壤土，属暖温带大陆性半湿润季风气候，年平均气温11.5℃，年平均降水量622 mm。水文资源主要包括牤牛河和七八干渠、八分渠两条主干沟渠，属于季节性河流。研究区共有维管束植物63种，乔木包括毛白杨（*Populus tomentosa*）、悬铃木（*Platanus orientalis*）、侧柏（*Platycladus orientalis*）、白蜡树（*Fraxinus chinensis*）、杏树（*Armeniaca vulgaris*）、西梅（*Armeniaca mume*）、油松（*Pinus tabuliformis*）等，灌木有迎春（*Jasminum nudiflorum*）、小叶黄杨（*Buxus sinica*）、冬青（*Ilex pedunculosa*）等，草本层有葎草（*Humulus scandens*）、马唐（*Digitaria sanguinalis*）等，藤本植物有牵牛（*Pharbitis nil*）、葡萄（*Vitis vinifera*）等。

二、研究方法

（一）农田缓冲带规划设计

2013年4—6月，以区域遥感影像（Google Earth）为底图进行田间景观调查，对道路、沟渠和防护林等基础设施进行了测绘和照片采集，结合CASS和ArcGIS软件的绘图与数字化功能建立农田景观地理数据库；定性评价研究区生态景观现状，根据土地利用格局、生态环境问题与生态服务功能需求，提出农田缓冲带总体空间布局；针对道路、沟渠、防护林三种主要景观要素类型进行农田缓冲带种植模式设计，充分利用乡土植物，提出植物配置模式、建设方法及提供的生态服务功能。规划设计于2013年8月完成，工程于2014年4月完工，完工时已初步形成绿色植被覆盖。

（二）农田缓冲带的天敌保护效果评价

2014年4—6月，选取田埂、自然边界、人工边界、林地4种类型的农田边界相邻的小麦（*Triticum aestivum*）田作为样地，调查了蚜虫（禾谷缢管蚜 *Rhopalosiphum padi*、麦长管蚜 *Macrosipham avenae*、麦二叉蚜 *Schizaphis graminum*）和捕食性天敌的生物多样性。其中，田埂为宽约1m，无植被覆盖的裸露边界、生产路等；自然边界为宽约1m，杂草覆盖、未经整治的农田边界、沟渠等；二者为保持原始状态，未进行缓冲带建设的对照区域。人工边界为道路、沟渠缓冲带，林地为与农田相邻的防护林缓冲带或小林地，二者为农田缓冲带建设工程的实施成果。蚜虫在小麦田中距离边界10～11m处取15m长的样带，每隔3m随机选取5株小麦调查一次，共调查25株小麦，分别记录每株小麦上各类蚜虫的数量；捕食性天敌采用昆虫取样器取样，在5—6月每10天取样一次，共3次，每次取样随机在缓冲带内抽取4个样方，样方大小取决于昆虫取样器参数。

三、区域建设

（一）农田缓冲带规划设计

农田景观现状调查结果表明，在景观格局方面，研究区粮田规模化特征明显，沟、路、林、渠等农业基础设施较为完善，景观较为开阔但存在均质化问题；在基础设施方面，研究区部分道路利用率较低且缺乏管护，沟渠存在废弃、占用、堵塞、地表裸露和不平整等问题，部分在用沟渠水体污染严重，防护林物种配置和结构以单一化为主，缺乏层次性和季节变化；在生态服务功能需求方面，研究区东西两侧聚落以改善人居环境质量为主，南北部规模化粮田以提高农业基础设施的支持和调节功能为主，中部旅游线路以提高休闲游憩、美景欣赏功能为主。

在此基础上，利用沟渠边坡、道路路肩、防护林带和小林地等景观要素，构建道路、沟渠、防护林3类共7种模式的农田缓冲带空间布局（图8-1，a）。在植物种类筛选过程中，保留无害的原生植物，选择易成活、管理粗放的多年生乡土植物进行种植，尽量选择蜜源植物、吸引益虫或驱避害虫的植物及豆科植物等高自然价值的植物种类。

研究区道路沿线主要分布有旱柳（*Salix matsudana*）、国槐（*Sophora japonica*）和毛白杨（*Populus tomentosa*）等乔木，但缺少草本植物和灌木覆被，地表裸露严重。针对不同道路类型和功能需求，主要利用乡土种，保证绿色植被覆盖度，提高物种组成和功能的复杂度。

模式1：针对车流量大、车速较快的干支路，强调休闲游憩功能。选择狼尾草（*Pennisetum alopecuroides*）、萱草（*Hemerocallis fulva*）、金山绣线菊（*Spiraea japonica*）等适应性强、观赏效果好的地被植物，营造开阔的农田景观氛围，搭配蒲公英（*Taraxacum mongolicum*）、紫花地丁（*Viola philippica*）、委陵菜（*Potentilla reptans*）等易成花、管理粗放的乡土野花，保证地表覆盖度（图8-1，b）。

模式2：针对机动车较少但居民通行较多的田间道路，强调人居环境改善功能。选取红瑞木（*Swida alba*）、棣棠（*Kerria japonica*）、卫矛球（*Euonymus alatus*）、北京丁香（*Syringa pekinensis*）、金银木（*Lonicera maackii*）等色彩鲜明、具有季相变化的花灌木，搭配小冠花（*Coronilla varia*）、高羊茅（*Festuca elata*）等地被植物固土护坡，改善居民日常出行观赏体验。

模式3：针对宽度小于3 m的田间生产路，强调水土保持、自然授粉和天敌保护功能。种植木槿（*Hibiscus syriacus*）、迎春、卫矛球等构成的灌木植物篱，一方面固持土壤，减缓径流，拦截扩散的颗粒物和农药；另一方面提高农田景观异质性和斑块间的连通性，为授粉昆虫、害虫天敌和鸟类等野生生物提供更好的栖息和扩散条件（图8-1，c）。

（二）沟渠缓冲带设计

研究区沟渠表面主要为未硬化的裸露沙土，少数采用水泥衬砌，已建沟渠整体利用率低，存在占用、不平整、堵塞、水体污染等问题。针对不同的沟渠类型和问题，一方面利用植物根系生长作用增加水分下渗，减缓地表径流流速，过滤养分和污染物；另一方面营造田间生物岛屿和野生生物资源库，为害虫天敌、传粉昆虫等生物提供生境。

模式1：针对宽度大于10 m的防洪河道，强调水土保持和生物多样性保护功能。乔木层补植毛白杨，灌木层选取黄刺玫（*Rosa xanthina*）、北京丁香、珍珠梅（*Sorbaria sorbifolia*）、红瑞木、紫穗槐（*Amorpha fruticosa*）等，栽植在距离沟渠边坡1 m以上的位置，起到防风固沙、控制水土流失的作用；地被植物选取芦苇（*Phragmites australis*）、金鸡菊（*Coreopsis basalis*）、桔梗

（*Platycodon grandiflorus*）、石竹（*Dianthus chinensis*）、宿根花菱草（*Eschscholzia californica*）等水生植物和蜜源植物，吸引传粉昆虫，为野生动物提供遮蔽所（图8-1，d）。

模式2：针对研究区内坡度较缓、无乔木层植被的农田渠道，强调面源污染防控、自然授粉和天敌保护功能。在沟渠边缘种植紫穗槐、胡枝子（*Lespedeza bicolor*）、荆条（*Vitex negundo*）、连翘（*Forsythia suspensa*）等低矮灌木稳固坡面，减缓地表径流流速，防止地表坍塌、下陷形成冲沟；地被层尽量保留原生植物，使用六棱植草砖材料实现额外的稳固坡面功能，补植高羊茅、小冠花等护坡植物，搭配宿根花菱草、石竹、金鸡菊、桔梗等蜜源植物，吸引害虫天敌和传粉昆虫（图8-1，e）。

（三）防护林缓冲带设计

针对研究区防护林的物种组成和结构单一，普遍存在残缺、断带现象等问题，在尽量维护现状植被的基础上，进行乔木层树木的补植和灌木、草本层植被的补充，构建拟自然植物群落的乔灌草林地结构，提高防护林系统的结构稳定性、功能复杂性与抗干扰能力。

模式1：针对农田防护林网进行防护林带的修复和改造，强调水土保持和小气候调节功能。补植国槐、毛白杨等乔木，林下种植卫矛球、紫薇（*Lagerstroemia indica*）、迎春、矮株木槿（*Hibiscus syriacus*）等低矮灌木，地被层选择马蔺（*Iris lactea*）、高羊茅等草本植物和松果菊、紫花地丁、蒲公英等乡土野花，提高地表植被覆盖率和防护林带连通性，提供固土防尘、减缓风速、拦截大气污染颗粒物、平滑农田温湿变化等功能。

模式2：针对主干道路交叉口和村庄周围的现有林地或荒草地，修复或新建小林地斑块，强调生物多样性保护和休闲游憩功能。以毛白杨为主要乔木，选择珍珠梅、紫穗槐、荆条等花灌木，和桧柏球（*Juniperus formosana*）、侧柏（*Platycladus orientalis*）等常绿灌木，搭配石竹、松果菊、宿根花菱草等宿根花卉，形成生物生境踏脚石，促进鸟类、传粉昆虫和害虫天敌等农田野生生物的迁移、扩散和定居，同时营造色彩和季相变化丰富的乡土景观节点供人观赏（图8-1，f）。

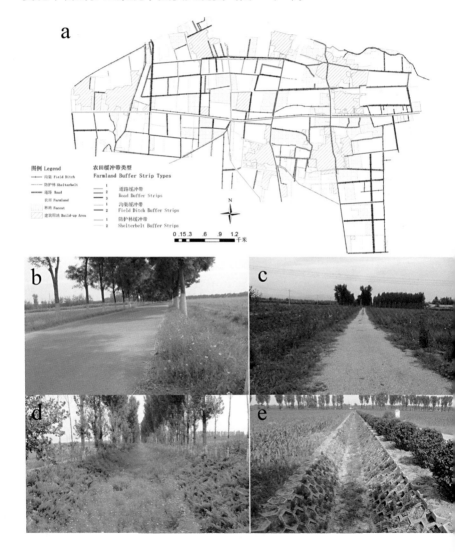

图8-1 农田缓冲带规划设计

a—农田缓冲带总体空间布局设计；b—道路缓冲带建设成果图（模式1）；c—道路缓冲带建设成果图（模式3）；d—沟渠缓冲带建设成果图（模式1）；e—沟渠缓冲带建设成果图（模式2）；f—防护林缓冲带建设成果图（模式2）

四、农田缓冲带天敌保护效果评价

不同农田缓冲带相邻的小麦地中天敌多样性显著不同。以蜘蛛（*Araneae*）为例，人工林地毗邻的小麦地中蜘蛛的活动密度显著高于田埂、自然边界、人工边界三类缓冲带；具有自然和人工边界的小麦地中，蜘蛛的活动密度无显著差异，并且都显著低于田埂和人工林地（图8-2）。不同农田缓冲带相邻的小

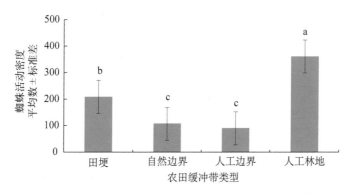

图8-2 不同类型缓冲带相邻农田中的蜘蛛活动密度

麦地中天敌/蚜虫比显著不同。与人工边界相邻的小麦地具有最高的天敌/蚜虫比，显著高于田埂相邻小麦地的天敌/蚜虫比；而田埂、自然边界和人工林地之间，以及自然边界、人工边界、人工林地之间均不存在显著差异（图8-3）。

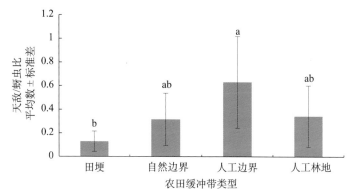

图8-3　距离不同类型缓冲带10m范围内农田中的天敌/蚜虫比

五、结论

农田景观中多样化的植被能够为更多物种提供生境和生存资源，从而提高生物多样性，提供更丰富的生态服务功能。生态农业在优化生产系统和改善生态环境的基础上，还应当从区域生态景观战略规划、景观尺度空间格局规划和工程技术生态景观化三个层次上提高生态服务功能。本节在规划设计中考虑了景观尺度下农田缓冲带的空间格局，并在模式设计中将生态服务功能作为植物选择的标准，旨在为生态农业建设开拓多功能、多尺度的景观规划视角。在效果评价部分，本节研究仅选择天敌保护功能进行监测，以降低取样难度、缩短试验周期。监测结果显示，林地能够支持最大的蜘蛛活动密度，而自然和人工边界附近农田的蜘蛛活动密度最小；四种缓冲带范围内的天敌/蚜虫比例没有表现出较大的区分度，但人工边界范围内天敌/蚜虫比例显著高于田埂。人工林地和人工边界均表现出一定的害虫—天敌调节作用，林地具有较大的斑块面积和较高的植被覆盖度，能够提供更理想的遮蔽所，可能更有利于蜘蛛的定居，而人工边界可能对一些捕食性节肢动物的扩散具有一定促进作用。但各类农田缓冲带的总体天敌保护效果并不明显，可能是由于本节研究监测时间较短，取样时植被发育还不完全，加之施工过程对蜘蛛等天敌活动存在扰动，难以满足其扩散和定居条件，因而没能实现农田缓冲带监测研究的理想效益。

农田缓冲带等农田生态景观化技术在景观尺度下综合规划建设的实际效果，还需要通过多项指标的长期监测进一步验证。美国自然资源保护服务局进行的一系列保护项目均在 1 ~ 3 年后才表现出理想效果。英国的亲水农场研究项目示范了湿地修复、缓冲带建设等多项技术，它们对土壤、水体、生物多样性等多项指标的影响经过 3 年监测才得到初步证实。因此，各类生态农业建设项目亟需转变追求短期、直接效果的思路，应当在更大尺度考虑多种生态服务功能的协同与累积效应，加大管护力度。此外，本节研究针对典型的平原区旱作农田进行缓冲带设计，对于其他地形、气候、水文条件下的农田缓冲带建设还应当根据特定的景观特征与生态服务功能需求进行空间布局和植物选择的调整。

农田缓冲带是镶嵌在农田景观中不同景观要素之间的条带状植被覆盖，可以针对其位置与土地利用类型、植物组成与结构配置、生态服务功能三方面属性和特征进行分类，能够提供丰富的生态系统服务与景观服务。农田缓冲带的综合规划设计包括规划目标确定、景观本底调查、总体空间布局设计、各类缓冲带工程设计、施工监管与后期管护 5 个步骤。以北京市都市型现代农业示范区建设项目为例，本节研究经过景观调查与评价，提出了道路、沟渠、防护林三类农田缓冲带共7种建设模式的总体空间布局，并结合生态服务功能需求进行植物种植模式设计。项目完工后，将典型缓冲带归为田埂、自然边界、人工边界、林地4类进行害虫—天敌取样调查，初步证明了农田缓冲带的天敌保护效果，对生态农业发展中的景观建设具有一定参考和指导意义。未来的生态农业景观建设应当加强农田缓冲带等生态景观化工程技术在景观尺度的综合空间规划，并广泛开展针对不同农田景观类型的实践示范和长期监测研究。

第二节　多花带种植对生物多样性影响研究

农田景观生物多样性及与之相关的生态系统服务功能，如病虫害生物防治、传花授粉、调节服务等，已上升为近年来生态学领域的研究热点。农田缓冲带等生态景观技术措施可以提供多种生态服务功能，是国内外现代生态农业发展的重要技术。其中，多花带作为缓冲带中一种重要的类型，不仅种类丰富、抗逆性强、繁殖简单、成本低廉、观赏期长、应用范围广，而且环境效益好、生态效应明显。为此，本节研究于2017年在北京市选择了8个进行了多花带种植的农业园区，设置对照组和示范组农田进行了针对天敌布甲、蜘蛛和蜜蜂等传粉昆虫多样性的监测试验，然后基于野外试验，通过统计分析，研究多花带种植对天敌和传粉昆虫多样性的影响。研究结果表明，多花带种植可以提高农田的步甲、蜘蛛等天敌类群的多样性，并且可以在一定程度上提高蜜蜂等传粉昆虫的数量。因此，研究团队建议为了提高农田景观的综合性生态服务功能，应积极开展多花带种植，增加半自然生境比例，同时应加快多花带构建的研究和示范应用，并加强植物篱、甲虫堤、过滤带等其他生态景观技术措施的应用推广，开展综合性生态景观管护。

一、研究方法

（一）研究对象

本节研究于2017年在北京市房山、顺义、密云等5个区选择了8个进行多花带种植的园区，包括4个种植花草组合多花带的园区（天开花海、大孙各庄、赵全营、北小营）和4个种植单一花卉植物类型多花带的园区（四季花海、喜鹊登科、平头村、人间花海）。图8-4是8个园区的地理位置分布图。

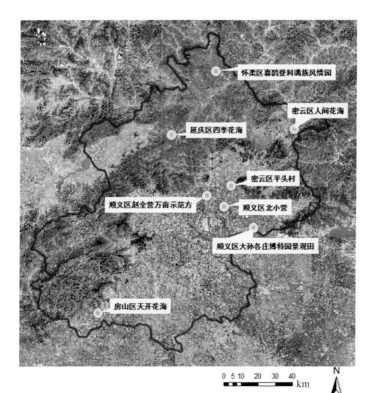

图8-4 取样区地理位置分布图

对8个园区开展示范田和对照田的生物多样性取样，生物多样性监测样点是每个园区中选择的一块种植了多花带的示范田，并且在半径1km外选择一块未进行多花带种植的常规对照田。天敌指数类群选择步甲、蜘蛛两个类群。传粉昆虫类群根据北京常见的授粉昆虫，结合实际捕获的情况，选择膜翅目细腰亚目蜜蜂总科、双翅目环裂亚目食蚜蝇科、双翅目环裂亚目蝇科、鳞翅目、鞘翅目瓢甲科作为指示物种，以下用蜂类、食蚜蝇、蝇类、蝶蛾类、瓢虫来代称以上五个类群。

（二）地表天敌取样方案设计

采用地表陷阱法对地表重要天敌类群中的步甲、蜘蛛进行取样调查，具体取样方案设计如下。

1.样点设计

每个样地布设9个陷阱杯，有多花带的农田，在多花带一侧与农田交界处设置第一排陷阱，无多花带的常规对照田，为减小农田边界外侧道路等外界环境因素对取样结果的影响，在距离农田边界2m处开始设置第一排陷阱，即①号样带。然后在农田内部依次平行设置两排陷阱，依次为②、③号样带，样带之间间隔20m，每条样带内陷阱杯间距10m，左右两端的陷阱杯距农田边缘至少5m（图8-5）。

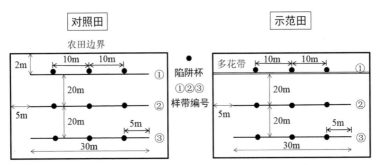

图8-5　有多花带示范田与常规对照田陷阱杯布置示意图

2.取样方法

蜘蛛与步甲采用地表陷阱法采样，陷阱杯为高度12～16cm、杯口直径为8cm的硬质塑料杯。杯内倒入2/3的饱和食盐水，用于杀死掉入的标本并防止标本的腐烂。添加几滴洗洁精溶液以破化液面的表明阻力。安放陷阱时，挖掘具有合适深度和宽度的土坑，将陷阱放入，使容器上边缘稍低于或者与地面持平。并在容器上方5cm处支撑一顶防雨罩，可以用铝片或有机玻璃片制成，用于防止雨水进入对溶液造成稀释。图8-6为地表陷阱法取样示意图。

图8-6　地表陷阱法取样示意图

3.取样时间

2017年8月，研究团队连续取样3次，共计18天，中间第2、3次取样时将陷阱杯内有昆虫的溶液倒入收纳瓶后，再给陷阱杯加入约2/3的饱和食盐水，开始下一轮取样。每条样带的3个陷阱杯的昆虫收集在一个瓶子中，即①②③3条样带的昆虫分别收集在3个瓶子中，每个样地共收集3个瓶子，在瓶子上贴上标签标明取样时间、地点、昆虫（蜘蛛）及样带编号①/②/③。

4.标本收集与处理

野外采样结束后，将标本及陷阱中的溶液一同倒入容量为2L的太空杯中带回实验室，及时进行标本的分类群挑拣、计数，并存放在75%浓度的酒精中。挑选出其中的步甲和蜘蛛两类天敌类群，然后制作标本、分类鉴定。

（三）传粉昆虫取样方案设计

传粉昆虫采用盆陷阱法进行取样，与天敌地表陷阱取样的园区、样地、时间等相同，布设陷阱时先插好陷阱盆支架，然后在支架旁边挖坑放置陷阱杯，陷阱盆放置在支架上方，陷阱杯在地表，距离控制在1m以内，具体取样方案设计如下。

1.样地设计

每个样地如图8-7布置9个陷阱盆。陷阱与样带的布置方法和天敌地表陷阱法相同，但每行每列都有黄、蓝、白各1个陷阱盆。

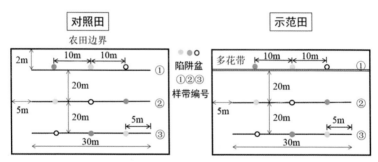

图8-7　有多花带示范田与常规对照田盆型陷阱法布置示意图

2.取样调查方法

陷阱支架长1.5m，盆形陷阱上口径21cm，高12.5cm。在样地中树立带铁圈的铁杆，陷阱支架插入地下约30cm，并在距离地面1.2m处放置盆陷阱，每个盆形陷阱中放置1/3添加洗洁精的自来水，约400mL。图8-8是盆型陷阱法取样示意图。

3.取样时间、标本收集与处理

与地表陷阱法同时取样，中间第2、3次取样时将陷阱盆内有昆虫的溶液倒入收纳瓶后，再给陷阱盆加入约1/3添加洗洁精的自来水。其余操作与地表陷阱法相同。挑选出样本中的蜂类、食蚜蝇、蝇类、蝶蛾类、瓢虫这5个类群。

图8-8　盆型陷阱法取样示意图

二、研究结果

（一）多花带种植对天敌步甲、蜘蛛多样性的影响

1.多花带种植对示范田与对照田天敌多样性的影响

研究团队综合8个园区，比较了8对示范田与对照田的天敌总个体数、步甲个体数、蜘蛛个体数、蜘蛛物种数，采用成对样本t检验进行差异分析，分析结果如图8-9所示。分

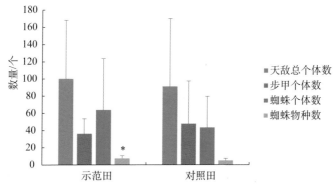

图8-9　8个园区示范田与对照田的天敌Alpha多样性差异

注：*表示有显著差异，$p < 0.05$；**表示有极显著差异，$p < 0.01$；没有标记*号表示无显著差异，$p \geqslant 0.05$。

析发现，蜘蛛平均物种数示范田显著大于对照田，天敌总体平均个体数示范田大于对照田，蜘蛛平均个体数示范田大于对照田，步甲平均个体数示范田小于对照田，但是无显著性差异。

比较了其中4个种植单一植物多花带园区示范田与对照田的天敌总个体数等，采用成对样本 t 检验进行差异分析，分析结果如图8-10所示。分析发现，天敌总体平均个体数示范田极显著大于对照田，蜘蛛平均个体数示范田显著大于对照田，蜘蛛平均物种数示范田极显著大于对照田，只有步甲平均个体数示范田小于对照田，但是无显著差异。

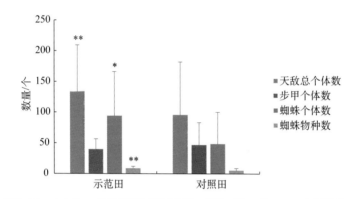

图8-10　4个单一多花带园区示范田与对照田的天敌Alpha多样性差异

注：*表示有显著差异，$p < 0.05$；**表示有极显著差异，$p < 0.01$；没有标记*号表示无显著差异，$p \geqslant 0.05$。

研究团队比较了4个种植花草组合多花带园区的示范田与对照田的天敌总个体数等，采用成对样本 t 检验进行差异分析，分析结果如图8-11所示。分析发现，天敌总体平均个体数示范田小于对照田，步甲平均个体数示范田小于对照田，蜘蛛平均个体数示范田小于对照田，只有蜘蛛平均物种数示范田大于对照田，但是均无显著性差异。

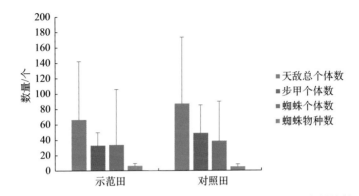

图8-11 4个组合多花带园区示范田与对照田的天敌Alpha多样性差异

注：*表示有显著差异，$p < 0.05$；**表示有极显著差异，$p < 0.01$；没有标记*号表示无显著差异，$p \geqslant 0.05$。

2.多花带种植对农田内部天敌多样性的距离影响研究

（1）距离多花带不同距离处示范田天敌多样性方差分析

在昆虫取样时采取按条带取样的方式，一条样带3个陷阱杯内的昆虫收集到一起，即分别在距离农田边界多花带0m、20m、40m处收取到的昆虫作为一个样本，运用IBM SPSS Statistics 23软件分别进行8个农业园区，其中4个组合多花带园区、4个单一多花带园区的示范0m、20m、40m距离处天敌总个体数等的单因素方差分析。由于分析结果较多，在以下图表中仅有选择性显示部分结果显著或需要说明的分析结果，下文中图表处理相同，不再赘述。8个园区示范田内不同距离样带的天敌多样性分析结果如图8-12所示。

由分析结果可知，8个示范田在0m、20m、40m处的天敌总个体数、步甲个体数、蜘蛛个体数、蜘蛛物种数平均值都是逐渐减小的。但是经方差分析后发现，8个示范田不同距离处的关于步甲个体数、蜘蛛个体数、天敌总个体数、蜘蛛物种数的分析结果均没有显著性差异（$p \geqslant 0.05$）。

同时还单独分析了4个组合多花带园区、4个单一多花带园

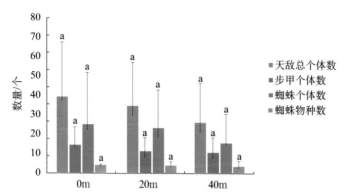

图8-12　8个农业园区示范田内不同距离样带的天敌Alpha多样性

注：有无相同字母表示存在或不存在显著性差异，显著性水平5%。

区的示范田不同距离处的步甲个体数等，但是分析结果均无显著性差异（$p \geqslant 0.05$）。

（2）距离农田边界不同距离处对照田天敌多样性方差分析

同示范田一样，对照田昆虫取样也按条带取样，一条样带3个陷阱杯内的昆虫收集到一起，为减小对照田农田边界外侧道路等环境因素对取样结果的影响，并且多花带一般宽约2m，为了与示范田作对比，第一条样带布置在了距离农田边界2m处，第2条与第3条样带与示范田相同分别距离第一条20m、40m，2m对于20m来说相对可忽略不计，同时为了方便，在下文中，对照田统一也用距离农田边界0m、20m、40m作指代。运用IBM SPSS Statistics 23 软件进行8个园区、4个组合多花带园区、4个单一多花带园区的对照田0m、20m、40m距离处天敌总个体数等的单因素方差分析。

图8-13是4个组合多花带园区的对照田与示范田不同距离样带的蜘蛛物种数柱状图，分析可知，4个组合多花带园区的对照田，农田边界处蜘蛛物种数极显著大于距离边界20m处、距离边界40m处的蜘蛛物种数，并且示范田各个距离之间虽无显著性差异，但是20m、40m处平均值均大于对照田平均值。

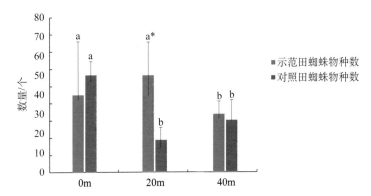

图8-13 4个组合多花带园区对照田与示范田不同距离样带的蜘蛛物种数

注：有无相同字母表示存在或不存在显著性差异，显著性水平5%。

（3）距离多花带或农田边界相同距离处示范田与对照田天敌多样性对比分析

运用IBM SPSS Statistics 23 软件进行8个园区，其中4个组合多花带园区、4个单一多花带园区的示范田与对照田相同距离处天敌总个体数等的成对样本 t 检验均值差异分析。相关分析结果如表8-1所示。

表8-1 相同距离处示范田与对照田的天敌多样性成对样本 t 检验结果

项目	多样性指数	距离	示范田	对照田
8个园区	天敌总个体数	0 m	39.25 ± 27.77**	26.38 ± 23.81
	蜘蛛物种数	20 m	4.13 ± 1.81*	2.63 ± 2.45
4个单一多花带园区	天敌总个体数	0 m	51.25 ± 33.69**	33.50 ± 33.91
	蜘蛛个体数	20 m	35.25 ± 21.33*	16.25 ± 12.39
	蜘蛛物种数	0 m	5.50 ± 3.11*	2.00 ± 1.83
	蜘蛛物种数	40 m	5.00 ± 2.94*	2.25 ± 2.63
4个组合多花带园区	蜘蛛个体数	40 m	8.50 ± 6.61**	14.75 ± 6.95
	蜘蛛物种数	20 m	3.75 ± 1.26*	1.25 ± 0.50

注：*表示有显著差异，$p < 0.05$；**表示有极显著差异，$p < 0.01$；没有标记*号表示无显著差异，$p \geqslant 0.05$。

经过分析后发现，8个园区距离0m处天敌总个体数示范田极显著大于对照田，距离20m处蜘蛛物种数示范田显著大于对照田；4个单一多花带园区在距离0m处天敌总个体数示范田极显著大于对照田，距离20m处蜘蛛个体数示范田显著大于对照田，距离0m处蜘蛛物种数示范田显著大于对照田，距离40m处蜘蛛物种数示范田显著大于对照田；4个组合多花带园区在距离40m处蜘蛛个体数示范田极显著小于对照田，距离20m处蜘蛛物种数显著大于对照田。其他分析均没有显著性差异（$p \geqslant 0.05$）。

3.多花带种植对蜘蛛群落结构的影响

（1）不同边界类型示范田与对照田蜘蛛群落结构

对8个农业园区的示范田与对照田中蜘蛛群落结构分析显示（图8-14），蜘蛛群落表现为，未种植多花带的对照田相比种植多花带的示范田其各样点相对聚集，表现出相对较高的相似性，表现出均质性，说明蜘蛛群落较相似；而示范田则相对分散，表现出异质性，说明蜘蛛群落结构差异较大。说明多花带种植会影响蜘蛛的群落结构，增加群落结构的异质性。图中对

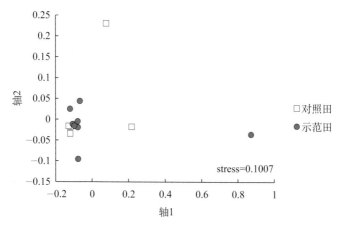

图8-14　示范田和对照田的蜘蛛群落非度量多维度分析（NMDS）

照田例外点是坐标轴最上面的黑框白色正方形，示范田例外点是坐标轴最右边的黑色圆形，它们所代表的真实地点都是怀柔区喜鹊登科的取样点，可能是由于这对样地是唯一一对怀柔区的样地，并且在8个园区中海拔较高，高于400m，其他园区大都在100m左右，海拔、气候等环境条件差异较大造成蜘蛛的群落结构与其他园区有较大差异。另外，示范田与对照田均有一定程度的重叠，说明有一定程度的相似性，可能是有些样点距离过近的原因。

（2）距离多花带或农田边界不同距离处蜘蛛群落结构

对8个农业园区的示范田内部分别距离多花带0m、20m、40m处和对照田内部分别距离农田边界0m、20m、40m处蜘蛛群落结构分析显示（图8-15），示范田蜘蛛群落表现为，离散程度由低到高依次为距离40m、0m、20m，即蜘蛛群落结构相似性依次降低，异质性依次增强。对照田蜘蛛群落离散程度由低到高也是依次为距离边界40m、0m、20m，对照田与示范田离散顺序相同，但是在相同距离处示范田蜘蛛群落离散程度都

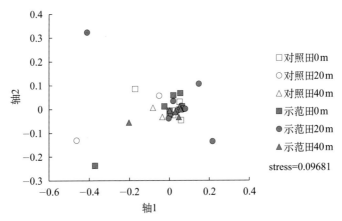

图8-15　距离多花带或农田边界不同距离取样带的蜘蛛群落非度量多维度分析（NMDS）

更强，即示范田在0m处蜘蛛群落的异质性大于对照田0m处，20m、40m处也呈现相同的差异。说明不管农田边界是多花带还是道路，从3个距离来看，异质性最强的均是20m处，农田内部40m处则蜘蛛群落结构最为相似。同时结合上文分析结果可看出多花带会增加农田整体和农田内部距边界不同距离处的蜘蛛群落结构的异质性。

但是从图中可看出示范田和对照田不同距离处有一些例外的点，示范田0m、20m、40m处的例外点分别是下图中位于坐标轴最左侧的黑色正方形点、黑色圆形点和黑色三角形点，它们代表的真实地点都在怀柔区喜鹊登科示范田样地，对照田0m的例外点是图中位于坐标轴最左侧的黑框白色正方形点，来自怀柔区喜鹊登科对照田样地，对照田20m的例外点是图中位于坐标轴左下方的黑圈白色圆形点，来自房山区天开花海对照田样地。喜鹊登科样地可能是由于它是唯一一个怀柔区的园区，在8个园区中海拔较高，高于400m，其他园区大都在100m左右，海拔、气候等环境条件差异较大造成蜘蛛的群落结构与其他园区有较大差异，天开花海样地可能是因为对照田种植的是马鞭草，开花较多，而其他园区的对照田都是普通农田，一般无花，所以差异较大。另外示范田3个距离和对照田的3个距离处均有一定程度的重叠，说明有一定程度的相似性，可能是距离过近的原因。

（二）多花带种植对蜜蜂等传粉昆虫个体数的影响

1.多花带种植对示范田与对照田传粉昆虫个体数的影响

综合比较8个农业园区，比较了8对示范田与对照田的蜂类个体数、蝇类个体数、食蚜蝇个体数、蝶蛾类个体数、瓢虫个体数、传粉昆虫总个体数，采用成对样本t检验进行差异分析。表8-2是各类群传粉昆虫个体数分析结果，由表可知，蜂类平均个体数、食蚜蝇平均个体数、蝶蛾类平均个体数、瓢虫平均个体数、传粉昆虫总个体数示范田大于对照田，蝇类平均个体数示范田略小于对照田，无显著性差异（$p \geqslant 0.05$）。

表8-2　8个园区示范田与对照田的传粉昆虫个体数成对样本 t 检验结果

项目	示范田	对照田
蜂类个体数	159.38 ± 117.33	145.75 ± 113.08
蝇类个体数	102.00 ± 57.21	102.75 ± 85.68
食蚜蝇个体数	44.25 ± 33.14	37.75 ± 35.65
蝶蛾类个体数	34.00 ± 22.32	33.63 ± 22.83
瓢虫个体数	5.50 ± 3.74	4.63 ± 5.15
传粉昆虫总个体数	345.13 ± 204.58	324.50 ± 223.24

注：*表示有显著差异，$p < 0.05$；**表示有极显著差异，$p < 0.01$；没有标记*号表示无显著差异，$p \geqslant 0.05$。

研究团队比较了其中4个种植单一植物多花带园区示范田与对照田的蜂类个体数等，采用成对样本 t 检验进行差异分析。表8-3是各类群传粉昆虫个体数分析结果，由表可知，蜂类平均个体数（$p = 0.365$）、食蚜蝇平均个体数（$p = 0.705$）、瓢虫平均个体数（$p = 0.476$）、传粉昆虫总个体数（$p = 0.882$）示范田大于对照田，蝇类平均个体数（$p = 0.888$）、蝶蛾类平均个体数（$p = 0.398$）示范田小于对照田，均无显著性差异（$p \geqslant 0.05$）。

表8-3　4个单一多花带园区示范田与对照田的传粉
昆虫个体数成对样本 t 检验结果

项目	示范田	对照田
蜂类个体数	183.00 ± 74.01	171.25 ± 93.36
蝇类个体数	99.25 ± 22.50	103.75 ± 57.85
食蚜蝇个体数	50.00 ± 26.04	42.75 ± 23.34
蝶蛾类个体数	29.75 ± 12.28	38.50 ± 6.35

（续）

项目	示范田	对照田
瓢虫个体数	4.25 ± 3.77	2.75 ± 2.50
传粉昆虫总个体数	366.25 ± 107.56	359.00 ± 89.94

注：*表示有显著差异，$p < 0.05$；**表示有极显著差异，$p < 0.01$；没有标记*号表示无显著差异，$p \geqslant 0.05$。

研究团队比较了其中4个种植花草组合多花带园区示范田与对照田的蜂类个体数等，采用成对样本t检验进行差异分析。表8-4是各类群传粉昆虫个体数分析结果，由表可知，蜂类平均个体数（$p = 0.775$）、蝇类平均个体数（$p = 0.924$）、食蚜蝇平均个体数（$p = 0.811$）、蝶蛾类平均个体数（$p = 0.557$）、瓢虫平均个体数（$p = 0.928$）、传粉昆虫总个体数（$p = 0.576$）示范田都大于对照田，均无显著性差异（$p \geqslant 0.05$）。

表8-4　4个组合多花带园区示范田与对照田的传粉昆虫个体数成对样本t检验结果

项目	示范田	对照田
蜂类个体数	135.75 ± 158.603	120.25 ± 139.23
蝇类个体数	104.75 ± 84.33	101.75 ± 117.39
食蚜蝇个体数	38.50 ± 42.38	32.75 ± 48.52
蝶蛾类个体数	38.25 ± 31.03	28.75 ± 33.35
瓢虫个体数	6.75 ± 3.77	6.50 ± 6.81
传粉昆虫总个体数	324.00 ± 291.38	290.00 ± 324.07

注：*表示有显著差异，$p < 0.05$；**表示有极显著差异，$p < 0.01$；没有标记*号表示无显著差异，$p \geqslant 0.05$。

2.多花带种植对农田内部传粉昆虫个体数的距离影响研究

（1）距离多花带不同距离处示范田传粉昆虫个体数方差分析

与天敌取样相同，我们在昆虫取样时也采取按条带取样，一条样带3个陷阱盆内的昆虫收集到一起，即分别在距离农田边界多花带0m、20m、40m处收取到的昆虫作为一个样本，运用IBM SPSS Statistics 23 软件进行8个种植多花带园区，其中4个组合多花带园区、4个单一多花带园区的示范田0m、20m、40m距离处蜂类个体数等的单因素方差分析。8个农业园区示范田距离多花带不同距离样带的传粉昆虫个体数分析结果如表8-5所示。

表8-5　8个农业园区示范田距离多花带不同距离样带的传粉昆虫个体数

项目	0 m	20 m	40 m
蜂类个体数	54.50 ± 54.76 a	55.00 ± 37.46 a	49.88 ± 34.21 a
蝇类个体数	36.13 ± 24.04 a	34.50 ± 22.01 a	31.38 ± 28.69 a
食蚜蝇个体数	17.00 ± 23.06 a	16.00 ± 11.59 a	11.25 ± 14.01 a
蝶蛾类个体数	13.38 ± 8.23 a	9.63 ± 8.30 a	11.00 ± 11.76 a
瓢虫个体数	1.50 ± 1.51 a	2.75 ± 3.20 a	1.25 ± 1.16 a
传粉昆虫总个体数	122.50 ± 101.36 a	117.88 ± 70.22 a	104.75 ± 223.24 a

注：有无相同字母表示存在或不存在显著性差异，显著性水平5%。

通过表8-5及相关分析发现，8个示范田不同距离处蜂类个体数（$F = 0.034$，$p = 0.966$）、蝇类个体数（$F = 0.074$，$p = 0.929$）、食蚜蝇个体数（$F = 0.263$，$p = 0.771$）、蝶蛾类个体数（$F = 0.314$，$p = 0.734$）、瓢虫个体数（$F = 1.119$，$p = 0.345$）、传粉昆虫总个体数（$F = 0.105$，$p = 0.901$）的分析结果均没有显著性差异（$p \geqslant 0.05$）。

同时还单独分析了其中4个组合多花带园区示范田、4个单一多花带园区示范田的不同距离处蜂类等的个体数，但是分析结果均没有显著性差异（$p \geqslant 0.05$）。

距离农田边界不同距离处对照田传粉昆虫个体数方差分析：同示范田一样，运用IBM SPSS Statistics 23 软件进行8个园区，其中4个组合多花带园区、4个单一多花带园区的对照田0m、20m、40m距离处蜂类等的单因素方差分析，但是分析结果均没有显著性差异（$p \geqslant 0.05$）。

（2）距离多花带或农田边界相同距离处示范田与对照田传粉昆虫个体数对比分析

进行8个园区，其中4个组合多花带园区、4个单一多花带园区的示范田与对照田相同距离处蜂类个体数等的成对样本t检验均值差异分析。经过分析后发现，4个单一多花带的园区在距离多花带40m处蜜蜂个体数示范田显著大于对照田。但是其他分析均没有显著性差异（$p \geqslant 0.05$）。图8-16是4个单一多花带园区示范田与对照田距离多花带或农田边界40m处的蜂类个体数分析结果柱状图。

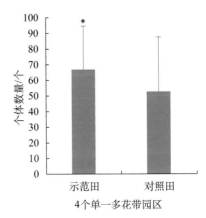

图8-16 4个单一多花带园区示范田与对照田距离40m处的蜂类个体数分析

三、结论和讨论

通过多花带种植对天敌步甲、蜘蛛多样性的影响分析结果可知：（1）8个种植多花带园区的示范田的蜘蛛平均物种数显著大于对照；4个种植单一多花带园区的天敌总体平均个体数、蜘蛛平均物种数示范田极显著大于对照田，蜘蛛平均个体数示范田显著大于对照田；（2）在多花带种植对农田内部天敌多样性的距离影响研究中发现，8个示范田的多花带内天敌总个体数示范田极显著大于对照田、距离多花带20m的农田内蜘蛛物种数示范田显著大于对照田的对应位置；4个种植花卉植物类型单一多花带的园区在距离多花带0m处天敌总个体数示范田极显著大于对照田、距离多花带20m处蜘蛛个体数示范田显著大于对照田；4个种植花草组合多花带的园区在距离多花带40m处蜘蛛个体数示范田极显著小于对照田、距离多花带20m处蜘蛛物种数显著大于对照田。(3)在多花带种植对蜘蛛群落结构的影响研究中发现，示范田整体或距边界不同距离处的蜘蛛群落都表现出比对照田更强的异质性。因此，多花带种植措施可以提高农田的步甲、蜘蛛等天敌类群的多样性。

通过多花带种植对蜜蜂等传粉昆虫个体数的影响分析结果可知，4个种植单一植物多花带的示范田内在距离多花带40m处的蜂类个体数显著大于对照田，并且在其他大多数对比分析中，虽然无显著差异，但多花带示范田的不同传粉昆虫个体数大于对照田。因此，多花带种植可以在一定程度上提高传粉昆虫数量，尤其是农田内部距离多花带40m处的蜂类个体数。

本节研究直接探讨了多花带与天敌和传粉昆虫多样性之间的关系，从多花带种植的生态景观措施角度探讨保护天敌布甲、蜘蛛和蜜蜂等传粉昆虫的方法，同时有利于增强人们对多花带效果的直观认识，从而为多花带建设和天敌、传粉昆虫的生物多样性保护提供借鉴。

基于以上研究可以看出，种植多花带对提高自然天敌和授粉昆虫的生物多样性、提高生态服务功能是有利的。这是因为缓冲带等技术措施实施的区域可以为捕食性和寄生性节肢动物提供越冬、避难场所、替代猎物。因此，我们建议为了保护自然天敌、授粉昆虫，提高农田景观的综合性生态服务功能，应积极进行多花带种植，增加半自然生境比例。同时，也应该加快多花带构建以及其他多种农田景观生态服务功能提升技术的研究与示范应用，加强综合性生态景观管护，另外，除种植多花带外，也要增加植物篱、甲虫堤、生物岛屿、过滤带等其他多种生态补偿技术措施的综合应用，开展综合性生态景观管护。

第三节 农林景观格局对农田生物多样性影响研究

农田景观的多目标管理，是以恢复和提高各种生态系统服务功能为核心，其研究重点，已经从原来简单的土壤保持、营养循环等，转向生物多样性保护、害虫控制、授粉这些更综合的功能。这包括生态系统服务的恢复和提升两方面，根据生态学理论，从数量、质量、空间格局、生态过程四个要素来实现。如瑞士和英国的农场，在生态过程上重视水质净化、土壤保持、生物多样性保护等，在数量上维持5%～12%的半自然生境和3种以上的作物，实施20～30项技术措施以保障生境质量，而在空间格局上，顺应地势利用土地，通过实施等高种植等方法，维系景观机理和格局。

国内外研究表明，在农田景观中维持50%～60%的农田面积，能获得更大的生物多样性与更好的生态系统服务。成片林地尽管是一种半自然生境，但其面积大于20%时，并不能增加生物多样性及提供更好的生态系统服务。另外，植物营养变异性会影响植食性昆虫的取食行为。单一化的大面积造林导致景观和植物的异质性降低，可能导致虫害的爆发，并且大量减少蜜蜂、鸟类等生物的多样性。

基于以上背景，本节研究假设：北京市的大面积造林，由于植物类型和植被层次的单一、地表裸露、景观单一，可能导致生物多样性的降低。同时改变农田景观格局，降低田园景观的开阔度和景观的优美性。

为证明以上研究假设，本节研究一要开展北京市平原区农田与林地景观制图与评价，研究植被、生境、景观是否存在单一化问题；二要实施生物多样性监测，研究生物多样性及相关生态系统服务是否随之降低。

一、北京市平原区农田与林地景观空间格局制图评价

（一）景观取样布局

结合缓冲带示范点，对北京市平原区实施平原造林，并保留一定农田的4个区县，顺义区、通州区、大兴区各取3个样点，在房山区取4个样点，一共取13个景观样点，样点间直线距离在5km以上，每一个样点的取样范围是半径为1km的圆。

取样依据是按照景观组成梯度取样。具体的方法是基于遥感图选点，然后实地确认，再进行数字化景观预分类，将1km半径内的景观大致分为耕地、林地、建成区3类，分析其组成比例是否在13个样点中形成一定梯度，否则重新选择样点。这个过程经过两三次的反复筛选，最终确定了这13个在景观组成上具有一定梯度的景观样点（图8-17、图8-18、图8-19）。

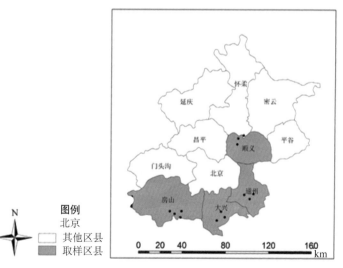

图8-17　景观取样布局

图8-18 景观样点预分类示意图

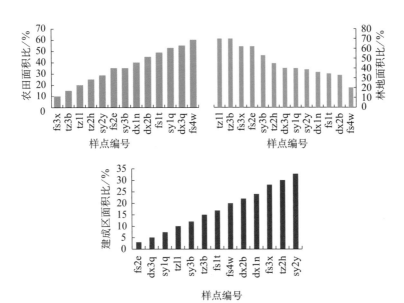

图8-19 景观样地预分类景观组成比

（二）景观调查及制图

景观调查与制图，是在制定景观分类的基础上，通过实地调查，基于遥感图记录景观类型及相关属性，并基于ArcGIS建立数字化空间数据库。

1. 景观分类

一级分类以是否有植被覆盖为标准，分为生境、非生境两类。二级分类分为农田、成片林地、草地、其他生境、建成区、其他非生境六大类。三级、四级分类以具体的土地利用、作物类型、植被结构、地表覆盖为依据，分为多个小类。

2. 调查准备

（1）图件准备：图件包括遥感图两张，一张为调查区域半径1km的图，一张为整个调查区域的图。

（2）表格准备：包含分类表与调查表两部分，分类表包含景观类型和景观属性，调查表用以记录图斑信息。

3. 实地调查

调查内容分为两部分，一是以底图为基础，划定斑块边界，同时标记线性、点状景观，并在调查底图上给予每个斑块一个编号；二是在调查表上，记录对应图斑编号及景观类型代码。对于围墙包围等无法进入的地区，通过无人机拍摄连续的高分辨率照片进行解译。

制图精度为1m，即斑块、线性和点状景观的区分标准为：最小边长大于1m的全部景观属于斑块；线性景观包括最小边长小于1m的全部景观；最大边长小于1m的全部景观属于点状景观。

4. 景观制图与数字化

实现景观制图与数字化首先在CAD中绘制斑块边线，然后导入地理信息系统，转为斑块面图层，并输入每一个斑块的景观类型及其它属性，建立详细的高精度空间数据库（图8-20）。

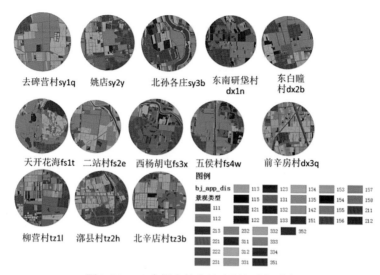

图8-20　13个样点的高精度详细空间数据

（三）景观格局评价

1.景观组成比例

北京市平原区农田景观中，林地面积已经超过农田面积。基于以上13个景观样点的空间数据库，对景观格局进行的评价。首先计算了景观二级分类的组成比例，结果发现，在这13个景观样点中，农田面积平均仅占28%，而成片林地平均占37.00%，已经很大程度上超过农田面积（图8-21）。

2.景观格局指数

通过fragstats软件计算了各个景观样点的斑块密度、景观多样性、生境多样性、景观形状指数及景观蔓延度（表8-6），并分析景观组成比例与景观格局指数的关系，结果发现，随着成片林地的增加，农田的减少，景观密度增加，景观蔓延降低，这都意味着景观破碎化程度增加，即降低了景观的开阔度、生境的连接度（图8-22）。并且成片林地的增加不能增加景观及生

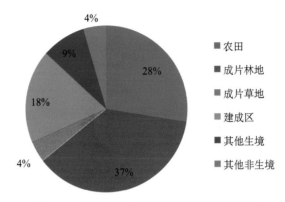

图8-21　样点景观二级分类的平均组成比例

境多样性，反而其他生境（线状、小面积生境）能够显著增加
景观及生境的多样性（图8-23）。

表8-6　景观格局指数

景观格局指数	斑块密度（PD）	景观多样性（LDSHDI）	生境多样性（HBSHDI）	景观形状指数（LSI）	景观蔓延度（CONTAG）
均值	199.4595	2.3803	2.001654	21.63872	65.83663
标准差	64.6128	0.202162	0.206227	4.05781	2.920095
最大值	322.25	2.6766	2.3122	31.131	70.4496
最小值	111.7234	1.9339	1.6676	13.4627	61.1809

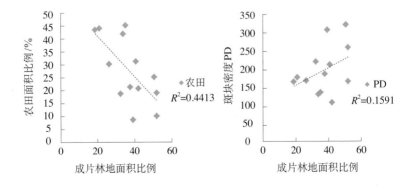

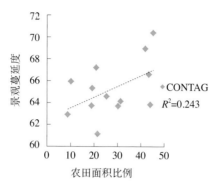

图8-22 景观组成比例与景观破碎化

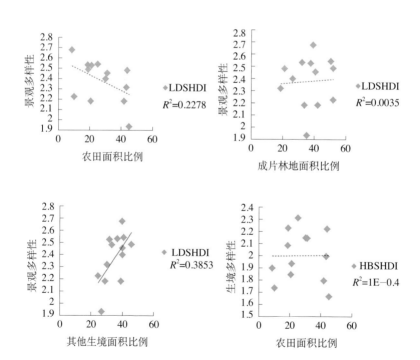

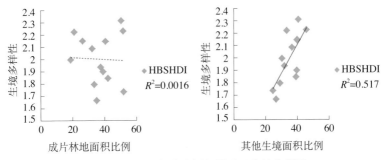

图8-23　景观组成比例与景观及生境多样性

二、北京市农田与林地景观生物多样性及生态系统服务研究

（一）样点布局

北京市农田与林地景观的生物多样性及生态系统服务监测样点，是在每个景观样点中，分别在农田和林地两种生境中取样。13个景观样本共取13对（26个）生物多样性监测样点（图8-24）。取样依据如下：

①为了避免两个样点之间的相互影响，每对样点之间距离大于200m；

②为了使调研范围内的景观能代表样点周围的环境，样点距离圆的边线应大于500m；

③样地大小满足样方布置需求，样地最短边大于30m；

④农田生境样地均为小麦—玉米地（天开花海为马鞭草—油菜地）；

⑤林地生境样地均为阔叶林。

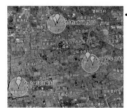

图8-24　北京市农田与林地景观生物多样性及生态系统服务监测样点布局

（二）生物多样性及生态系统服务监测取样

1.指标选取

为指示生物多样性保护、传粉及害虫控制这几项在农业景观中的重要生态系统服务，参考国内外研究常用的指示生物，本节研究选取的指标如下：

（1）维管植物

作为自然界主要利用光合作用的生产者，是各种物质循环、能量流动的基础。由于具有固定的位置，标准化的取样方式，以及现场即可进行的鉴定方法，是生物多样性调查和相关研究中利用最广泛的指示生物类群。

（2）传粉昆虫

昆虫是植物的主要传粉媒介，现在已知的显花植物中，有85%是由昆虫传媒授粉的。常见的授粉昆虫种类有蜂类、蝇类、蝶类、蛾类、甲虫类，本节研究根据北京常见的授粉昆虫，结合实际捕获的情况，选择蜜蜂、食蚜蝇、瓢虫、蛾、蝇类这4个类群。

（3）自然天敌

农田景观中，生物多样性监测常用的自然天敌指示类群主要有步甲、蜘蛛两个类群。步甲科是鞘翅目的大科，拥有超过4万个物种，鉴定分类特征完善。步甲分布广泛，在不同地理区域都有分布，在农作条件下数量丰富，是害虫的重要天敌，它们对环境变化敏感，便于取样，是研究环境变化和人类干扰对生物多样性影响的良好指示生物。蜘蛛是蛛形纲蜘蛛目的总称，现已知有114科，约4.5万种，也是农田中重要的捕食性天敌。由于分布广泛，适应多种生境，常常作为农田景观中的指示性生物类群。

2.野外取样

（1）维管植物采用样方法

维管植物调查在6月、10月各进行一次。调查样方规格为20m×20m，分为乔、灌、草3个层次取样，每个样地取一个乔木样方、一个灌木样方和4个草本植物样方，这13对样点一共有乔木和灌木样方13个，草本植物样方104个。

维管植物调查需要制作和填写一系列的调查表。包括①样方环境信息表，记录样方的坐标、编号、各层次的总体盖度；②样方物种信息表，分为乔木层、灌木层、草本层3个表，记录每一个物种的名称、盖度、株高胸径等。

（2）传粉昆虫采用盆陷阱法

传粉昆虫在6月、8月、10月各取一次样，每次取样持续5天。布置陷阱时，在30m×50m规格的样方中，布置9个陷阱盆，分为白、黄、蓝三种颜色间隔布置，代表不同颜色的花，13对样点共放置234个陷阱盆。布置陷阱时，首先是在样地中树立带铁圈的铁杆，然后把陷阱盆放置铁圈上（距地面1.2m），并向陷阱盆中加入1L添加了少许洗洁精的水。中途需要加水，以防止液体完全蒸发（图8-25）。

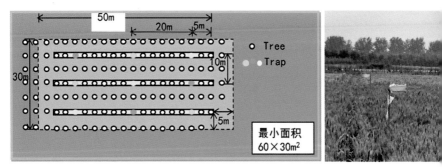

图8-25　盆陷阱样方布置示意图及陷阱放置照片

（3）自然天敌采用地表陷阱法

取样时间与传粉昆虫相同。在20m×20m规格样方范围内，采用5点法布置陷阱杯，将陷阱杯埋入样地中，并加入200mL饱和食盐水，上方放置防雨罩。13对样点共放置130个陷阱杯（图8-26）。

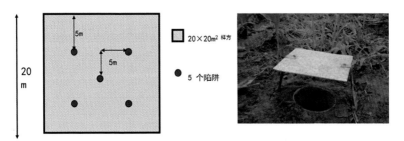

图8-26　地表陷阱样方布置示意图及陷阱放置照片

3.标本收集与处理

野外采样结束后，将标本及陷阱中的溶液一同倒入容量为2L的太空杯中，带回实验室并及时进行标本的分类群挑拣、计数，并存放在75%浓度的酒精中。自然天敌与传粉昆虫共分为7个类群进行挑拣，3次取样一共挑拣了20天左右，挑出了546管动物标本。

（三）林地植物单一化及其对生物多样性与生态系统服务的影响

1.林地植被物种与结构单一化

在维管植物调查结果的基础上，分析林地植物多样性指数，结果发现，林地植物存在明显的单一化问题。从乔、灌木层来看，在13个样点中，有9个样点均为仅一种乔木，且不同的林地样点树种相似。从草本植物层来看，尽管有的样点有一定的物种丰富度，但土壤裸露（图8-27，a）或由于施用除草剂而导致的植物枯萎（图8-27，b）现象普遍。林地植物多样性指数及乔、灌木物种名称见表8-7。

图8-27 林地植被层次、物种单一（acd），样点间物种类似，土壤裸露（a），草本植物枯萎（cd）

表8-7 林地植物多样性指数及乔、灌木物种名称

样点编号	草本		灌木		乔木	
	物种丰富度	香农多样性指数	物种丰富度	物种名称	物种丰富度	物种名称
dx1n	20	2.465			1	国槐
dx2b	10	2.04			1	国槐
dx3q	14	2.173			1	国槐
fs1t	30	3.026			1	国槐
fs2e	18	2.376			1	白蜡
fs3x	16	2.474			2	梓树、银杏
fs4w	18	2.064	1	国槐	1	杨树

（续）

样点编号	草本		灌木		乔木	
	物种丰富度	香农多样性指数	物种丰富度	物种名称	物种丰富度	物种名称
sy1q	16	2.128			4	银杏、国槐、香椿、旱柳
sy2y	8	0.9457			3	榆树、梣叶槭、sp1
sy3b	8	1.399			1	国槐
tz1l	24	2.371			1	榆树
tz2h	4	1.33			1	杨树
tz3b	8	1.792			1	国槐

2.林地单一化减少生物多样性及生态系统服务

（1）乔灌木丰富度高的林地，授粉昆虫与自然天敌生物多样性基本较高

比较各样点乔灌木丰富度与各类群节肢动物多度（图8-28），从各类群节肢动物丰度的平均值来看，基本上是乔灌木丰富度高的林地，授粉昆虫与自然天敌生物多样性基本较高，其中两个异常点，是由于草本植物丰富度高。在这些类群中，蜜蜂、蝇类和蜘蛛的丰富度受乔灌木丰富度的影响尤为明显。

（2）多样化的林地草本覆盖提高生物多样性及生态系统服务

通过散点图，比较林地草本植物丰富度与授粉昆虫及自然天敌多度的关系，可以看出，除蛾类外，各类群的多度均随草本植物丰富度的升高而升高（图8-29）。

（3）林地生境中授粉昆虫与自然天敌基本低于农田生境

比较不同生境类型的授粉昆虫与自然天敌的多度，除蛾类是林地生境的多度较高外，其余类群均为农田生境较高（图8-30）。

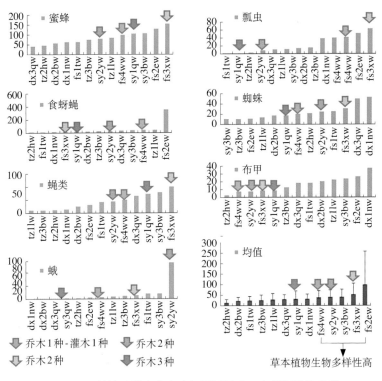

图8-28 林地乔灌木丰富度与授粉昆虫、自然天敌的多度

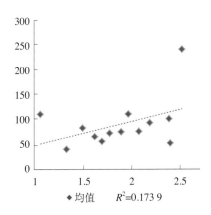

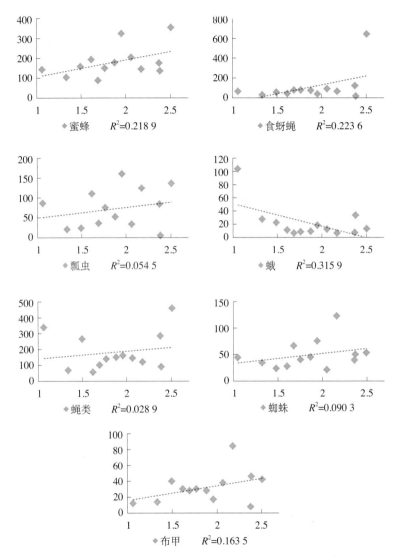

图8-29　林地草本植物乡农多样性植物与授粉昆虫、自然天敌的多度

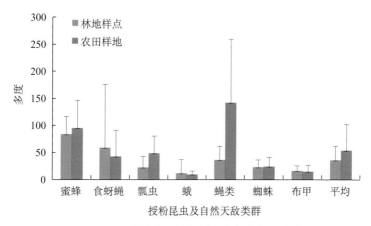

图8-30　不同生境类型的授粉昆虫与自然天敌多度

三、景观格局对生物多样性及生态系统服务的影响

（一）景观组成比例对生物多样性及生态系统服务的影响

为了分析农田与林地景观格局对生物多样性及生态系统服务的影响，结合所选指标中各类群节肢动物的活动半径，分别分析了各个农田及林地样点500m半径内的景观组成（图8-31），

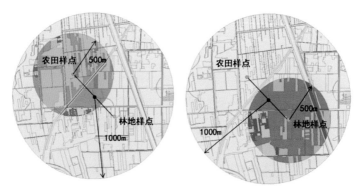

图8-31　样点500m半径内景观提取示意图

以比较二级分类下的六类景观的组成比例。

通过自然分割法，对各类景观在样点500m半径内的组成比例划分梯度，并计算各个梯度内每种类群的平均多度。结果表明，结果表明50%～70%的农田和20%～30%的林地，最有利于生物多样性及生态系统服务（图8-32，a、b）。并且，农田周边8%～10%的其他生境（线性、小面积半自然生境，包括农田边界植被、防护林带、覆草沟渠等）也有利于提高生物多样性及生态系统服务（图8-32，a）。

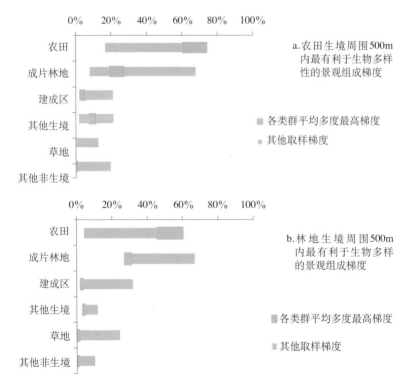

图8-32　农田与林地生境周围500m内最有利于生物多样的景观组成梯度

（二）景观破碎化对生物多样性及生态系统服务的影响

景观格局分析时已经发现，随着成片林地的增加，农田的减少，景观破碎化程度增加，这降低了景观的开阔度、生境的连接度。由于斑块密度反映景观破碎化，通过斑块密度—生物多度散点图发现，随着斑块密度的增加，各类群生物多度降低。这表明由于成片林地面积的增加和农田面积的减少引起的景观破碎化，导致了生物多样性及生态系统服务的降低（图8-33）。

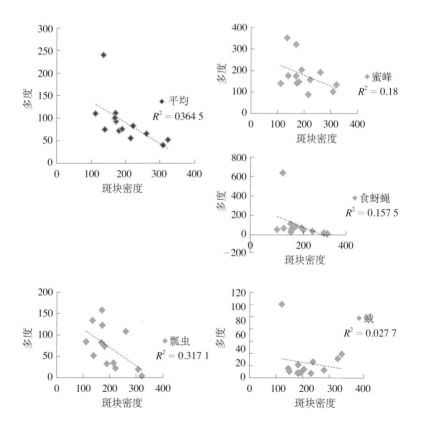

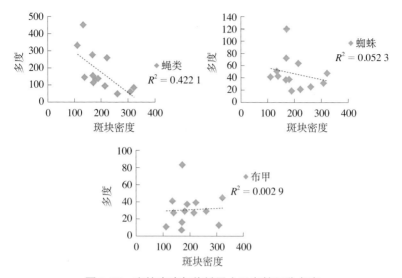

图8-33　斑块密度与传粉昆虫及自然天敌多度

四、结论与建议

（一）研究结论

结论一：北京市平原区林地存在单一化问题，且降低了生境质量，导致生物多样性及生态系统服务水平降低。在生境尺度上，本节研究发现了北京市平原区林地植物的物种及结构单一化问题，并且进一步证明了多样化造林生物多样性及生态系统服务更高，还发现林地生境的生物多样性基本低于农田生境，因此单一化造林降低生境质量，导致生物多样性及生态系统服务的降低。

结论二：农田景观中维持60%左右的农田（具有8%～10%的线性、小面积半自然生境）和20%左右的成片林地，最有利于提高生物多样性与生态系统服务。基于景观组成比例对授粉昆虫及自然天敌多度的影响，发现农田景观中维持以上景观比例，最有利于提高生物多样性与生态系统服务。

结论三：北京市平原区已经有足够的林地，且农田面积已经大量减少。占用农田的单一化成片造林不利于生物多样性及生态系统服务提升。本节研究发现成片林地的增加及农田面积的减少，降低景观开阔度与生境连接度，导致生物多样性及生态系统服务降低，并且在我们调查的景观样点中，农田面积平均仅占28%，成片林地平均占37%，与结论二中最有利于生物多样性与生态系统服务的景观组成比例相比可得出该结论。

（二）建议

基于以上研究结论，我们建议北京市平原区农业景观的管理，不应该实施大面积的单一化造林，而是维持现有的农田面积，借鉴国外丰富的农田景观生物多样性保护技术，例如英国的农业景观管护（图8-34）。

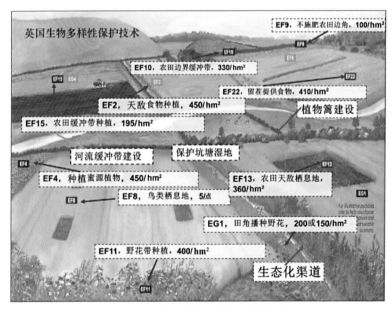

图8-34 英国生物多样性保护技术

在景观尺度上，针对成片林地面积过大、农田面积大量减少以及景观破碎化的问题，一是维持现有的农田面积比例，控制农田转变成其他用地；二是优化景观格局，加强生境连接度，构建生态化网络，避免生境破碎化。

在生境尺度上，针对造林单一化问题，一是开展植被群落化建设，避免生态植被结构和树种单一，按照地域植物群落结构，形成复层混交、相对稳定的人工植被群落；二是实施农林业，多层次提升生物多样性及提高生态系统服务。

由于农田周围线性及小面积半自然生境具有重要意义，对此在农田边角地种植蜜源植物，建设野花带，吸引授粉昆虫；建设生态化渠道与河流缓冲带、保护坑塘湿地，吸收多余的氮磷钾，净化水质，防治面源污染；或者为自然天敌、鸟类提供食物和栖息地，提升生物多样性和害虫控制功能以及开展农田边界缓冲带和植物篱的种植，这除了提高生物多样性之外，还有水土保持的作用。

针对农田生境，一是提高作物多样性：实施间作、轮作、套作；二是实施保护性耕作：免耕、残茬覆盖、冬季作物覆盖，改善土壤质量，为鸟类提供食物；三是实施等高种植、养分管理，通过多次适量施肥防止养分流失造成面源污染扩散。

第九章
北京农田生态景观建设建议

发展农田生态景观有利于拓展农业多种功能、推进农业绿色发展，是落实乡村振兴战略、建设美丽乡村的重要举措。农田生态景观的建设结合当地的自然、人文资源，开发当地的特色农产品，形成一、二、三产业融合，多途径增加农民的收入，增加农村就业，改善农村的生活环境，提升城市生态环境质量，增加市民休憩地点，是一项有利于首都功能建设、城市建设、市民、农民的利国利民的工程。

因此，做好此项工作需充分利用农业主管部门、大专院校、科研院所、推广机构、农业企业、农业园区、社会化服务组织、家庭农场等通力合作，在政策支持、技术研究、产品开发、人才培养、创意创新、宣传推广等多层面开展工作，确保农田生态景观建设为城市生态提升、农村和谐发展、农业持续增效、农民不断增收提供有力支撑。

一、树立和宣传农田生态景观建设理念

开展农田生态景观建设要牢固树立并切实贯彻创新、协调、绿色、开放、共享发展理念，以转变农业发展方式和促进产业转型升级为核心，坚持人与自然和谐共生，加大生态系统保护力度，统筹山水林田湖草系统治理，优化生态安全屏障体系，构建生态廊道和生物多样性保护网络，提升生态系统质量和稳

定性。推进农田生态景观化和一、二、三产业融合，将景观农业建设、农田生态系统修复与产业发展紧密结合起来，进一步开发农业新功能、挖掘农业新价值，提升农业综合生产能力、生态涵养能力与景观服务能力，全力打造宁静、和谐、美丽的首都田园景观。

要切实加大舆论宣传和动员力度，扩大影响，营造声势，树立农田生态服务功能与景观服务功能提升的意识。采取在电视、报纸、网站等平台开设专题、专栏等形式，跟踪宣传报道创建活动中的先进典型，深入挖掘特色、展现亮点。对评选出的先进典型，加大宣传力度，提高其知名度、影响力，推动生态景观田建设活动的深入开展。

二、加强农田生态景观规划建设

在市级层面统筹山、水、林、田、湖生命共同体的建立，合理规划农田面积和比例。监测结果表明，农田景观中维持60%左右的农田和20%左右的成片林地，最有利于提高生物多样性与生态系统服务。目前北京市平原区已经有足够的林地，且农田面积已经大量减少。占用农田的单一化成片造林会降低生境质量，并不利于生物多样性及生态系统服务提升。

另外，农田中的永久性草地和灌丛可以提供稳定、高质量的生境，是很多田间物种的"庇护所"，监测结果建议保留8%～10%的线性、小面积半自然生境。但一些地区农田建设过程中过度工程化等问题正在对河溪、水道、坑塘、田间孤岛等半自然生境造成扰动与破坏。例如，田间道路原本是连接村庄与田块，供农业机械、农用物质和农产品运输通行的道路，道路硬化是必要的，但是要充分考虑道路密度、车流量和用途，过度的硬化对生态环境有负面的影响，并造成景观破碎化、生境损失。随着道路密度的增加，未受干扰的生境面积不断减少，剩余的破碎化生境越来越少，严重影响生物迁徙和多样性保护，同时也增加了道路的封闭性。农田中的永久性草地和灌丛可以提供稳定、高质量的生境，是很多田间物种的庇护所，因而避免农田边界过度硬化对于保护物种多样性而言非常重要。农田生态景观建设要慎重考虑保留农地田埂、河岸草地灌丛等原生空间，避免剧烈的土地利用变化对生态系统中自然生境和生物多样性造成不利影响，从而威胁生态系统健康和服务。

因此，在新时代生态文明建设和保护生态系统健康视角下，建议农田建设不能单纯追求当前的粮食生产能力，要考虑农田半自然生境在生物多样性、天敌和传粉昆虫保护、水质净化等方面生态服务功能对农业可持续发展的作用，在农田土地利用的规划当中，将生物多样性保护作为土地整治内容与目标，尽量保护具有"年代美"的半自然生境，或将新增耕地空间1%～2%用于河溪、沟渠缓冲带建设，提高农田景观水质净化及保护生物多样性等生态系统服务功能。只有将技术要点落到规划要求中，才能保证其"自上而下"贯彻执行。

三、建立农田生态景观技术规范

发展景观农业有利于拓展农业多种功能、推进农业绿色发展，是落实乡村振兴战略、建设美丽乡村的重要举措。近年来，农田生态景观的发展规模增长迅速。以北京为例，根据2018年不完全统计，全市景观休闲农业点289个、面积13.78万亩，超过2013年统计的10万亩，增幅38%。山区田园景观的数量和面积最高，分别达到114个、5.56亩；平原大田景观84个、总面积5.12万亩；设施园区景观91个、总面积3.10万亩。在市民日益增长的需求下，越来越多的农业园区从传统种植向休闲景观方向转型，但不合理的硬化比例正在破坏乡村田园景观的风貌，单一的集约化种植存在潜在的生态问题，园区的盲目转型和低水平发展不符合乡村绿色发展的要求。因此，规范农田生态景观建设，在农田内部景观优化和周边生态提升方面作出适当的要求和引导，对农田景观可持续发展来说迫在眉睫。国外已有相关的技术标准，但应结合中国和地方的实际情况，因地制宜地建立农田生态景观技术的规范，细化农田景观和农田生态技术措施的各项标准，用于指导实际操作。农田生态景观技术不仅仅是口号和噱头，更需要在详细的技术规范下落到实处，才能实现农田生态和景观的实质性提升以及可持续发展。

四、推广乡土植物在农田生态景观建设中的应用

乡土野花组合是筛选以乡土野花为主体的，并通过混合播种建立群落的一种景观植被建植模式。研究发现，乡土野花组合能够改善景观结构与生境质量，吸引传粉生物和自然天敌，从而起到增强农田景观的传粉及害虫控制功能并改善农作物品质、提高农作物产量。乡土野花组合是欧美国家和地区近年来较为流行的一种农田景观恢复与建设的技术措施，野花组合广泛适用于农田景观生态环境提升，缓冲带、授粉带、甲虫堤等模式建设，野花组合近几年也被应用到城乡近自然园林景观营建和绿地景观提升工程中。中国乡土植物资源丰富，北京市周边的燕山、太行山蕴藏着丰富的野生植物资源，包括一些珍稀濒危植物资源，但长期得不到重视、开发利用或保护。加强乡土野花组合在建设中的应用，需要通过多学科合作实现乡土野花组合的设计与推广，政府、产业、科研机构与农民共同参与乡土野花组合的设计过程，需充分发掘种质资源并进行生态、栽培与景观特性评估，以实现本土化的乡土野花组合。多方合力推动乡土野花组合在我国农田景观的应用，为改善我国农业生态环境做出应有贡献。

五、加强农田生态景观管护

有效的管护措施是农田生态景观可持续发展的保证。但是目前我国高标准农田建设就存在重视建设、轻视维护和管护等问题，农田生态景观建设更是如此。但是农田生态景观建设不是一蹴而就的，需要几年才能体现效果和逐步稳定。半自然生境的管理在缺乏管护的情况下，农田缓冲带缺乏刈割、补播，变为撂荒地，杂草丛生影响作物生长，植物篱缺乏修剪，长势日渐衰弱，从"生态景观"变为"撂荒景观"。针对此类问题，应该建立以村集体和农场为主体的农田生态环境及其景观的管护制度。首先要对灌排设施、道路等定期维护和修复；其次，对半自然生境、自然驳岸、水道缓冲带等绿色基础设施开展定期维护；再次，对撂荒要加强管理。如在山地丘陵区，围绕农村居民点2km的耕作半径内半自然生境比例较高，亦可称为高自然价值农田景观，大面积撂荒由于失去某些生物依赖的农田景观生境和食物供给，反而会导致生物多样性降低，而肥沃耕地撂荒还可能导致恶性杂草入侵。因此，在山地丘陵区，应通过积极的补贴政策保护农田景观，并利用生态条件发展有机农业，提高农产品价格，保护高自然价值农田景观。退耕还林还草地要加强地域植物群落构建，避免结构和树种单一化，防止"有生态之名，无生态之实"现象出现。

六、完善农田生态景观建设补贴政策

目前我国的生态补偿还处于起步阶段。北京市农业的农业补贴较多，包括良种补贴、有机肥补贴、农机农药补贴、蔬菜种植补贴、集约化育苗补贴等，部分补贴中就包含生态补偿要素。如2007年，北京市政府在对农田生态服务功能充分调研及科学评价基础上，从治理季节性裸露农田与保护首都大气环境出发，出台了生态作物补贴政策，对本市农户在耕地内种植的小麦、牧草给予生态补贴，市级财政给予小麦生态补贴标准为40元/亩，牧草生态补贴标准为35元/亩。北京市对种植生态作物的农户给予适当的生态补贴，以调动农民的积极性，通过政策和资金的引导，治理北京市农田冬季裸露，充分发挥农田的生态服务价值。

在农田生态景观方面，2018年北京市农业农村局（原北京市农业局）出台了《关于大力推进生态景观田建设的指导意见》，意见指出北京市进行农田生态景观建设要遵循绿色生态、景观乡土、多方融合、农民自愿和主体多元的原则。工作重点以优化生态景观田规划布局、开展农田内部景观提升、强化生态工程技术落地和推动产业融合发展为主。市区各级农业部门要积极争取财政扶持政策，同时，将现有各类农业投资和支农项目重点向生态景观田建设工作倾斜，进一步拓宽投融资渠道，形成多元化投入机制，吸引社会资本参与创建活动。对符合该意见要求、符合布局规划、市场定位准、带动能力强、资源禀赋优、集约程度高的区域特色产业，安排专项资金，通过补贴与奖励并行的形式提升品质、培育品牌。北京市目前资金以转移支付的形式拨付至各区，各区根据情况自行决定补贴方式。以怀柔区为例，制定以奖代补、分级验收定级的激励政策，普通景观田和优质景观田每亩分别补贴700元和1 500元。虽然激励政策对农田生态景观有很大的激励作用，但其评价和补贴的标准不够细化，很难惠及每个尝试开展农田生态景观技术措施的农户，且补贴限定于评价这一时间点，对后续的管护难以形成激励。

对此，可以借鉴国外的乡村环境管护制度，通过对国外相关政策的了解研究，有助于认识我国农业农村生态管护的现状和规范未来的发展方向。欧盟在生态环境景观管护制度有两个比较大的特点。一是涵盖面广、指标详细，包含了农田、林地、草地、历史遗产以及自然资源保护等项目，并制定了每项工程技术的实施标准、资金补贴分值和验收标准。例如，英国先后提出4个级别的环境管护制度，每个级别的管护涉及多项技术，如入门管护包括50多种生态景观管护工程技术措施；高级管护针对生物多样性保护、乡村景观建设，制定了100多项工程技术，并且同一工程技术体系下，针对不同情况还提出了更具体的工程技术措施，如湿地管理包括湿地修复、湿地重建、湿地维护等。二是构建了以农户为主体的补贴政策。农民或是乡村集体可以自由选择计划开展哪些生态环境和景观管护措施，当总体补贴分值达到一定标准后，农户可以提交申请，以图和表的形式说明在哪些地方实施什么类型的生态环境和景观管护措施、执行时间以及资金补贴总额。参与环境管护的农户需遵守合同规定，接受监督检查，如果出现违约情况，将会受到严格的惩罚。这些措施的资金由欧盟和其成员国共同承担，其成员国承担的比例在50%～75%。欧盟2002年在农业环境措施方面的花费近20亿欧元，约1/5的农业用地被该措施所覆盖。经过2003年的改革，欧盟的出资比例更是提高到了60%～85%。

七、挖掘生态技术可持续发展的内生动力

生态技术措施往往具有较高的生态价值和社会价值，但很难获得直接的经济效益，导致很多农田管理者在生态补贴政策之下落实生态技术，一旦拿到补贴或补贴政策结束，就不再对已落实的技术措施进行管护，这是生态技术可持续发展的难点和困境。为了农田生态景观营造技术的可持续发展，将农田生态景观技术与乡村旅游和农事节庆活动相结合，与创意产品开发相结合，可以在让生态景观技术产生直接的经济效益和社会影响力，使园区产生开展农田生态景观建设的内生动力。

例如，北京市农业技术推广站依托北京农田观光季活动，以"以农造景、以景带旅、以旅促农、农旅结合、协同发展"为理念，截至2019年连续4年举办"春耕、夏赏、秋收、冬养"主题系列活动，在农田生态景观技术综合示范点开展油菜花节、养生节、香草节、秋收节等主题推介活动8次，借助多平台向市民宣传、从而扩大成果的社会影响力。在微信平台、传统媒体和观光手册上先后推出主题观光路线、推介优秀观光点，累计推介观光点341个、吸引游客2 432万人次。另外，以生态景观田产出的农产品为原材料，开发创意农旅休闲产品，如养生茶和盆栽产品等，以高附加值的产品弥补生态提升所需的额外投入，为促进生态技术应用的可持续性开辟道路。

八、加大科技支撑与人才培养

农田生态景观建设在我国是新兴项目，缺乏相关的技术支撑。因此，要加强科技支撑，依托科研教学单位建立一批设计研究中心、规划中心、创意中心，为生态景观田的发展提供智力支撑。鼓励社会资本参与农田生态景观宣传平台建设，强线上线下营销能力。强化行业运行监测分析，构建完善的生态景观田效益监测制度。

同时要加强农田生态景观技术培训。人才是技术落实的实操者，要培养一批通晓理念、掌握技术的实用人才。一方面，加大农业技术推广人员的技术培训，更好地指导基层开展相关工作；另一方面，开展农田直接管理者的技术培训，将技术要点细化，保证农田生态景观技术措施落到实处，发挥生态景观技术的潜力和作用。

戴漂漂, 张旭珠, 刘云慧, 2015. 传粉动物多样性的保护与农业景观传粉服务的提升 [J]. 生物多样性, 3: 408-418.

刘世梁, 侯笑云, 张月秋, 等, 2017. 基于生态系统服务的土地整治生态风险评价与管控建议 [J]. 生态与农村环境学报, 33(3): 193-200.

刘云慧, 常虹, 宇振荣, 2010. 农业景观生物多样性保护一般原则探讨 [J]. 生态与农村环境学报, 26(6): 622-627.

刘云慧, 李良涛, 宇振荣, 2008. 农业生物多样性保护的景观规划途径 [J]. 应用生态学报, 19(11): 2538-2543.

刘云慧, 张鑫, 张旭珠, 等, 2012. 生态农业景观与生物多样性保护及生态服务维持 [J]. 中国生态农业学报, 07: 819-824.

骆世明, 2008. 生态农业的景观规划、循环设计及生物关系重建 [J]. 中国生态农业学报, 16(4): 805-809.

沈仁芳, 王超, 孙波, 2018. "藏粮于地、藏粮于技"战略实施中的土壤科学与技术问题 [J]. 中国科学院院刊, 33(02): 135-144.

徐明岗, 卢昌艾, 张文菊, 等, 2016. 我国耕地质量状况与提升对策 [J]. 中国农业资源与区划, 37(7): 8-14.

宇振荣, 张茜, 肖禾, 等, 2012. 我国农业/农村生态景观管护对策探讨 [J]. 中国生态农业学报, 07: 813-818.

郧文聚, 宇振荣, 2011. 中国农村土地整治生态景观建设策略 [J]. 农业工程学报, 27(4): 1-6.

郧文聚, 宇振荣, 2011. 土地整治加强生态景观建设理论、方法和技术应用对策 [J]. 中国土地科学, 25(6): 4-9, 19.

郧文聚, 2015. 我国耕地资源开发利用的问题与整治对策 [J]. 中国科学院院刊, 30(4): 484-491.

张鑫, 王艳辉, 刘云慧, 等, 2015. 害虫生物防治的景观调节途径: 原理与方法 [J]. 生态与农村环境学报, 05: 617-624.

陈力, 2004. 景观影响评价中"景观"的内涵和应用探讨 [J]. 环境污染与防治, 26(2):148-150, 153.

付博杰, 陈利顶, 马克明, 等, 2001. 景观生态学原理及应用 [M]. 北京：科学出版社.

郭贝贝, 金晓斌, 林忆南, 等, 2015. 基于生态流方法的土地整治项目对农田生态系统的影响研究 [J]. 生态学报, 35(23):7669-7681.

李朋瑶, 李学东, 宇振荣, 2020. 土地综合整治生态景观营造对策 [J]. 地球科学与环境学报, 42(03):366-375.

刘世梁, 安南南, 王军, 2014. 土地整理对生态系统服务影响的评价研究进展 [J]. 中国生态农业学报, 22(9):1010-1019.

刘世梁, 侯笑云, 张月秋, 等, 2017. 基于生态系统服务的土地整治生态风险评价与管控建议 [J]. 生态与农村环境学报, 33(3):193-200.

王军, 钟莉娜, 应凌霄, 2018. 土地整治对生态系统服务影响研究综述 [J]. 生态与农村环境学报, 34(9):803-812.

许吉仁, 董霁红, 2013. 南四湖湿地景观格局变化的生态系统服务价值响应 [J]. 生态与农村环境学报, 29(4):471-477.

张琨, 吕一河, 傅伯杰, 2017. 黄土高原典型区植被恢复及其对生态系统服务的影响 [J]. 生态与农村环境学报, 33(1):23-31.

Douglas A L, 2017. Designing Agricultural Landscapes for Biodiversity-Based Ecosystem Services[J]. Basic and Applied Ecology, 18: 1-12.

Duan M, Liu Y, Yu Z, et al., 2016. Environmental Factors Acting at Multiple Scales Determine Assemblages of Insects and Plants in Agricultural Mountain Landscapes of Northern China[J]. Agriculture Ecosystems & Environment, 224:86-94.

FAO, 2011. Biodiversity for food and agriculture: contributing to food security and sustainability in a changing world[R]. Rome: FAO.

Liu, Y H, Duan M C, Yu Z R., 2013. Agricultural landscapes and biodiversity in

China[J]. Agriculture Ecosystems & Environment, 166: 46-54.

Li P, Chen Y, Hu W, et al., 2019. Possibilities and requirements for introducing agri-environment measures in land consolidation projects in China, evidence from ecosystem services and farmers' attitudes[J]. Science of the Total Environment, 650: 3145-3155.

Long H, Li Y, Liu Y et al., 2012. Accelerated Restructuring in Rural China Fueled by 'Increasing Vs. Decreasing Balance' Land-Use Policy for Dealing with Hollowed Villages[J]. Land Use Policy, 29(1): 11-22.

Scherr S J , Buck L , Willemen L , et al., 2014. Ecoagriculture: Integrated Landscape Management for People, Food, and Nature[J]. Encyclopedia of Agriculture & Food Systems:1-17.

Tscharntke T, Klein AM, Kruess A, et al. , 2005, Landscape perspectives on agricultural intensification and biodiversity-ecosystem service management[J]. Ecology Letter, 8: 857-874.

Zhang Q, Xiao H, Duan M, et al., 2015. Farmers' Attitudes Towards the Introduction of Agri-Environmental Measures in Agricultural Infrastructure Projects in China: Evidence From Beijing and Changsha[J]. Land Use Policy, 49: 92-103.

图书在版编目（CIP）数据

农田生态景观构建技术与实例/朱莉等编著. —北京：中国农业出版社，2020.11
ISBN 978-7-109-27052-7

Ⅰ.①农… Ⅱ.①朱… Ⅲ.①农田-景观生态建设-研究-中国 Ⅳ.①S181.3

中国版本图书馆CIP数据核字（2020）第125133号

中国农业出版社出版
地址：北京市朝阳区麦子店街18号楼
邮编：100125
责任编辑：刁乾超　文字编辑：赵冬博
版式设计：李文革　责任校对：刘丽香
印刷：中农印务有限公司
版次：2020年11月第1版
印次：2020年11月北京第1次印刷
发行：新华书店北京发行所
开本：850mm×1168mm　1/32
印张：7
字数：180千字
定价：38.00元

版权所有·侵权必究
凡购买本社图书，如有印装质量问题，我社负责调换。
服务电话：010-59195115　010-59194918